对分课堂教学手册丛书

丛书主编　张学新

# 对分课堂之大学生物学

The PAD Class for College Biology

上海市教育委员会2014年上海高校特聘教授（东方学者）岗位计划支持

上海市教育委员会2016年高校本科重点教学改革项目（“基于对分课堂新型教学模式的本科教学改革研究”）支持

刘明秋　著

科学出版社

北京

## 内 容 简 介

本书在生物学科专业基础课“微生物学”和通识选修课“改变生活的生物技术”中采用对分课堂教学实践的基础上撰写而成。内容包括生物学科基本情况、通识课程的教育理念和培养目标、现有课堂教学主要模式、对分课堂教学模式的实施步骤、对分课堂的实践案例、对分课堂的教学效果调查及分析、教学反思及新手上路指南。

本书可供高等教育、职业教育和基础教育教师，教学管理人员，以及教育培训机构培训人员、师范院校学生参考使用。

**图书在版编目(CIP)数据**

对分课堂之大学生物学/刘明秋著. —北京：科学出版社，2017.2
（对分课堂教学手册丛书）
ISBN 978-7-03-051532-2
I. ①对… II. ①刘… III. ①生物学-课堂教学-教学研究-高等学校 IV. ①Q
中国版本图书馆 CIP 数据核字（2017）第 016488 号

责任编辑：乔宇尚 崔文燕 刘巧巧 / 责任校对：孙婷婷
责任印制：张 倩 / 封面设计：黄华斌

科学出版社 出版
北京东黄城根北街 16 号
邮政编码：100717
http://www.sciencep.com
三河市骏杰印刷有限公司 印刷
科学出版社发行 各地新华书店经销
*
2017 年 2 月第 一 版 开本：890×1240 1/32
2017 年 2 月第一次印刷 印张：8
字数：220 000
**定价：32.00 元**
（如有印装质量问题，我社负责调换）

# 对分课堂教学手册丛书编辑委员会

主　　编　张学新

副 主 编　陈湛妍　王雨晴　董宏革

编写人员　（按姓氏拼音排序）

安桂花　安剑群　鲍丽娟　本志红
蔡秋文　曹浩智　陈慧娟　陈妙玲
陈瑞丰　陈修文　丁丽红　冯　锵
龚　雯　韩宝红　韩秀婷　何　玲
贺　红　胡　真　黄锦标　黄天锦
黄向前　黄　莺　姜梅芳　李道琴
李　莉　梁　琨　刘明花　刘明秋
刘志平　马莉莉　马珊珊　马迎红
闵紫雯　宁建花　孙　帆　孙桂秋
孙欢欢　孙卫红　孙小春　谭永定
田　青　王继红　王建勋　王文娟
王晓玲　王银珠　魏　波　温婷婷
吴金枝　徐含笑　杨　红　杨建新
杨丽萍　杨永华　姚海洪　岳梦琳
岳喜凤　张长君　赵婉莉　郑隆慧
钟　铃　周　瑾

# 丛书序

## 个性化时代中国教育的新探索

### 一、令人惊喜的新型课堂

“对分课堂”是我提出的一种新的教学模式。形式上，它是把课堂时间一分为二，一半留给教师讲授，一半留给学生进行讨论；实质上，它是在讲授和讨论之间引入一个心理学中的内化环节，使学生对讲授内容吸收之后，有备而来地参与讨论。

这样一个看似简单的设计，却取得了惊人的效果。2014 年春，我首次在复旦大学心理系的本科生课程上实践对分课堂，受到学生的欢迎。随后，对分课堂不胫而走，迅速传播到全国大部分省（自治区、直辖市），甚至传到非洲，在对外汉语教学中也取得了显著成效。两年间，借助互联网和使用者的口碑，对分课堂风行全国，在数百所高校的上千门课程中得到应用，覆盖人文、理工、医学等多个领域及外语、音乐、美术、体育等多个学科，被列入教育部和上海市教育委员会教师培训项目，获批上海市本科教学改革重点课题。同时，对分课堂也迅速进入基础教育领域，从小学一年级到高中三年级都涌现出了很多成功的案例，得到众多一线教师、特级教师和校长的高度认可，被誉为“魔力课堂”，被列入上海市教育委员会“十三五”基础教育教师培训的网络课程。另外，各地教师以对分课堂为题，获得 140 多个教学改革立项，包括 36 个省级课题，其中 31 个来自高校，5 个来自中小学。

各地学校相继组织关于对分课堂的讲座和培训，总数超过百场，覆盖教师群体上万人。常常是一场讲座下来，教师激情澎湃，学校领导当场认可，随后在全校推广。很多时候，一次课下来，教师立刻感受到对分课堂的好处，一个学期下来，学生的成绩大幅提升。在成绩之外，更重要的是开心的学生、快乐的教师、活泼的课堂氛围、融洽的师生关系和令人满意的教学效果。教学的众多美好的理想在对分课堂上一一成为现实，幸福来得太快，令人不敢相信。运用对分课堂，教材不变、大纲不变、进度不变，不花钱、不买设备，好学、易用，效果常常立竿见影。对分课堂真有这样神奇吗？如果有，该如何操作？对于这些问题，本套丛书尝试给出一些参考性的回答。

## 二、对分课堂的核心理念

现代教育制度的核心标志是夸美纽斯于 1632 年建立的班级授课制。班级授课制的基本教学模式是讲授法。讲授法能实现系统、高效的知识传递，迅速培养大量专业性人才，是与工业化时代相适应的教学模式。然而，在讲授法之下，学生只是被动地接受，主动性得不到发挥，能力无法得到提升。在后工业化时代，社会资源十分丰富，个人自由度大幅提升，社会生活的网络关系变得前所未有的复杂，千人一面、缺乏个性的教育，固守传统、不能创新的教育，高高在上、脱离现实的教育，日益受到诟病。这时，全世界的教育都面临着五个重大挑战，即如何促进个性化发展，如何培养社会责任感，如何增强和谐相处能力，如何培养创新能力，如何回应社会高速发展中不断产生的现实需求。

从 20 世纪初开始，全世界进行了很多教学改革，最为成功的是在美国被广泛实践的合作学习。常见的研讨式教学、问题式教学（problem-based learning，PBL）、案例教学、高效课堂、自主课堂等都是合作学习的变种，其核心特点是通过讨论，提升学生的参与性和主动性。然而，虽经近百年的探索，对合作学习的应用仍然有限，合作学习也没有取代讲授法，主要原因在于讨论式课堂牺牲了系统性的知识学习，讨论的质量和效果常常无法得到保证。

对分课堂通过对内化和吸收过程的强调，实现了讲授法和讨论法两大教学模式的整合：讲授是为了基于独立思考的内化，而内化的成果则通过社会化学习在讨论中得到展示、交流和完善，既保证了知识体系传递的效率，又充分发挥了学生的主动性。

从对分的角度看，讲授法的问题在于过分强调了教师的权威，压抑了学生的个性，而讨论法的问题在于，过分强调学生的权利，造成了教学秩序的混乱。本质上，对分课堂重新分配了教学中的权利与责任，它赋予学生应有的权利，让学生承担应尽的责任，体现了对学生最大的尊重，为课堂营造了一种民主、对话、开放、自由的氛围，也因此使课堂变得和谐、舒畅、充满乐趣、生气勃勃。人类的文明已经进入了一个新时代，对分课堂顺应人性，释放人的潜力，张扬个性，孕育创造，为探索后工业时代的教育范式提供了新思路，有可能会显著促进社会经济文化的发展。

## 三、理实交融的教学改革

对分课堂看起来简单易行，实际上非常考验教师的能力。有的优秀教师运用对分方法，课堂瞬间焕发光彩，也有很多教师心生羡慕，却不知如何下手。出现这样的情况是十分正常的，因为一种新的教学模式能够最先实践成功的一定是少数教师，与其他教师相比，他们更有思想、热情和勇气。即便是这些教师，由于对分课堂带来教学理念根本性的颠覆，他们在初期也会犯很多错误，如武侠小说中的六脉神剑，时灵时不灵，不能充分发挥对分课堂的力量。对分课堂不是一两个环节的改变，而是整个教育、教学理念的全面变革，在简明的操作流程背后，蕴含着极其丰富、深刻的心理学、教育学原理，需要教师慢慢体会。对分课堂的运用是低门槛、无上限的，任何人都可以用，但能否顺利运用或取得较好的效果，要看个人的理解和素养。

作为一个范式，对分课堂在各个学段、学科的运用，需要先锋教师在实践中逐步探索，形成具体的操作细则，再尝试在更广泛的教师群体中运用、验证、完善。2016年春节，我觉得应该汇集前期对分课堂实践的经验，为关注对分课堂的广大教师提供参考。于是，我便邀请一些在对分课堂教学中取得一定实践成效的教师（来自13个省份29所学校的共65位教师），开始编著本套丛书。丛书汇集了集体的智慧，尽可能请多位教师合作，取长补短。第一批计划出版17本，包括总论和16本分册，覆盖11类高校课程和5类中小学课程，分别为“高校思想政治理论课”“大学英语”“大学心理学”“高等数学”“医学护理学”“高校艺术类课程”“研究生公共英语”“对外汉语”“高校体育类课程”“大学生物学”“第二外语辅修与专业课程”和基础教育的“高中语文”“高中英语”“高中数理化”“中学地理”“初中英语”。总论侧重于理论分析，分册则针对具体学科，详细介绍对分课堂在具体学科中的操作流程和要点，帮助一线教师在自己的教学实践中迅速、成功地运用对分课堂。

在全世界范围内，教育改革成功的案例并不多，其中一个主要原因是教育改革常常从理念出发，而从理念到实践还有很大的距离。对分课堂从可操作的方法出发，确认有效果后再进行推广，基于大量实践进行理论提升，再用理论去指导实践，符合人类认识发展的根本规律。对分在一开始就是一个高度实用的操作流程，注重细节和完整性，先形成一个可用的版本，然后通过大量实践，汇集集体智慧，发现问题、解决问题，在快速迭代中优化流程。对分实践获得的经验不是支离破碎的，而是被整合在一个理论框架之中；这个理论也不是空洞的，而是与教师的教学实践相结合。本套丛书能做到实践与理论的紧密结合，在中国乃至世界的教学类书籍中实属难得。未来我们欢迎更多的一线教师参与进来，使本套丛书覆盖更多科目，不断修订、重版，成为中国教师乃至世界教师的工具书。

对分课堂在教育理念上的一个核心观点是不以成败论学生。学生是否知道了正确答案，并不是最重要的，勇于思考、善于思考才是第一目标。对分课堂是一个重大的教学改革，丛书的作者实践对分，最长的两年半，最短的两个学期，经验不足是难免的，存在疏漏也是难免的，但我们希望读者不要试图从丛书中寻找标准答案。

基于不同的理解、不同的场景，不同的分册可能会出现互相对立的答案。丛书不能保证自己的正确性，也不能保证按书里的做法一定能取得好效果。丛书只是反映了作者当前的实践和认识水平，给读者提供一个参考。让对分在自己的课堂上开花结果，读者自己也有一半的责任。同时，睁开眼睛，开动脑筋，展示自己的才能，参与对分的创造，这也是实施对分的本意。

## 四、集体智慧和群众力量

感谢“对分课堂教学手册丛书”的所有作者，愿意投入巨大的时间和精力分享他们的经验和收获！我代表丛书全体作者，感谢所有勇敢开启对分课堂实践之路的千百位教师！他们对教学的高度热爱，他们非凡的勇气、智慧和行动，使对分课堂能够与具体学科的教学相结合，带来了对分的成长和壮大。感谢所有实践对分课堂的同学们，特别是第一个对分班级——复旦大学心理系本科2013级全体同学！

感谢复旦大学教师发展中心陆昉主任、丁妍副主任，以及范慧慧、曾勇、方雁、李娜老师和中心特邀研究员陈侃教师！感谢教务处徐雷处长、王颖副处长、徐珂副处长、孙燕华老师！感谢《复旦教育论坛》熊庆年主编，上海易班发展中心和杨佳老师，上海市教育委员会高校教师培训项目的领导，上海师范大学EDP中心黄健主任及张斌、刘永老师！感谢他们在对分课堂发展过程中给予的宝贵支持！

感谢众多高校教务部门、教师发展中心和相关领导给予的支持！感谢教育部对口支援计划，让河西学院教师安桂花把对分课堂带回甘肃，在学校、学院领导的支持下在全校推广！感谢河西学院学校和教务处、教师教育学院、外语学院的领导和老师！感谢田家炳基金会及总干事戴大为先生为2015年8月的首届对分课堂全国研讨会提供赞助，并帮助我们把对分课堂推向西部中小学！

感谢岭南师范学院对举办对分课堂华南地区研讨会的支持！感谢河南平顶山学院——我的家乡学校，在全校推广对分，感谢苏晓红副院长，教务处李波处长、史玉珍副处长，计算机学院吕海莲院长和多位领导、老师！

感谢教育部网络培训中心吴勇、刘艳、付舒婷老师，让对分课堂通过网络走到了全国高校教师的身边，通过国培项目走向了云南边远乡村的中小学！感谢江西省高校师资培训中心及周礼芳老师，通过组织的五次讲座，让对分传播到江西省所有的本科高校！

感谢张掖市甘州中学兰小丽、广州新滘中学张春燕、湛江市第八小学苏勤老师，率先把对分课堂成功应用于中小学课程！感谢南通市南通中学陆晓蔚老师，率先把对分课堂和“对分易”平台成功运用于初中体育课！

感谢甘肃省白银市田家炳中学顾克晅校长在全校推广对分教学！感谢兰州田家炳中学教导主任张维民老师组织全校性的教研团队，在所有主科目上开展关于对分课堂的系统性的实证研究！感谢《教育文摘周报》刘军伟编辑帮助我们在中小学推广对分！

感谢师培联盟（北京）教育科技研究院和北京中教国培教育咨询中心组织对分课堂专题培训！感谢上海情绪疗愈学院和张迪薇院长在新型心理健康课程中推广和应用对分课堂！感谢北京三圣学堂马琴老师在传统文化教育中运用对分课堂！

感谢上海电机学院陈瑞丰老师，上海杨行中学胡真老师，上海心理学会基础教育专业委员会主任秦启庚教授，专业委员会对分课堂项目组吴静、仇红老师，滨州职业学院仲广荣、张秀霞老师！

感谢王培雄、王永锋、郑娟、徐霖等组织团队创造了使用便捷、功能强大的“对分易”教学平台，为众多教师的对分教学提供了巨大的便利！

感谢复旦大学参与对分课堂实践的各位老师！感谢心理系博士研究生邓世昌、曹雪敏，以及我的硕士研究生王舒、冯俊栋，博士研究生黄锦标等积极探讨和开展对分教学研究！感谢我的博士研究生徐霄扬、李欣琪和助手张瀜予提供的多方面的有力支持！

感谢复旦大学宽松自由的学术氛围，社会发展与公共政策学院和心理系领导和同事给予的支持！感谢上海市“东方学者”计划在资金上为对分课堂的教学改革实践提供的强有力的支持！本套丛书中高校相关的分册得到我本人主持的2016年上海市教育委员会“高校本科重点教学改革项目”的支持，特此感谢！

感谢科学出版社的领导，其中有我的中国科学技术大学学长、现任中国科技出版传媒股份有限公司（科学出版社）总经理彭斌，教育与心理分社付艳社长和乔宇尚编辑！感谢他们的巨大付出！

感谢无法一一列举的众多在对分课堂实践和推广过程中给予我们巨大帮助的老师、朋友和学生！

最后，仅代表我本人，感谢我的哥哥和弟弟对如何推进对分课堂给出的明智而中肯的建议！感谢我的父母张伯重和秦淑香，他们为我树立了慈悲、理性、热情、勇敢的榜样，让我对公正的社会和美好的教育一直心存向往。

## 五、知识短缺与教育困局

中华文明衰落数百年之后，中国面临着千载难逢的发展机遇。从拼资源、拼体力、拼牺牲走向创新立国，我们最缺乏的是有价值的知识与思想。

2012年，世界著名经济学家、诺贝尔经济学奖得主科斯说：“回顾中国过去三十多年，所取得的成绩令人惊叹不已，往前看，未来光明无量。但是，如今的中国经济面临着一个重要问题，即缺乏思想市场，这是中国经济诸多弊端和险象丛生的根源……思想市场的发展，将使中国经济的发展以知识为动力，更具可持续性。而更重要的是，通过与多样性的现代世界相互作用和融合，这能使中国复兴和改造其丰富的文化传统。假以时日，中国将成为商品生产和思想创造的全球中心。”①

① 科斯. 对2012年《财经》年会致辞. http://v.pptv.com/show/fJ69O6MJebcamGc.html [2015-04-20].

2016 年，新加坡国立大学东亚所所长郑永年说："中国早已经进入知识短缺时代……中国经济知识的短缺局面已久，并且对经济社会发展产生了极其负面的影响……'十八大'以来，似乎一切都变了，但唯独中国学术界和政策界的知识短缺局面没有变化，甚至更加严重了。从前的所有问题，今天仍然存在……现在尽管研究者都有博士学位，但很多只有书本知识而没有实践经验。因为他们是典型的读教科书成长起来的，对西方的概念有时候比西方人还玩得熟练，但对中国的实际则是外行。知识短缺的情况不改变，中国的改革就很难从顶层设计转化成为有效的实践，或者在转化过程中错误百出。"①

中国社会的知识短缺，问题无疑出在教育上。一般认为，中国的应试教育和高考制度导致我们的教育落后于西方。而真实的情况恰恰相反，中国的教育看起来比较糟糕，是因为我们在用中国的大众教育与西方的精英教育做比较。精英教育看似美好，其实不仅耗资巨大、不可推广，而且缺陷重重，会使社会产生严重的两极分化，与我们的社会体制并不兼容。如果将中国的大众教育与西方的大众教育相比，中国的教育实际上更为成功：更公平，更民主，对能力培养做得更好。

中国教育的困局在于：一方面，中国教育不能走向精英教育，因为社会主义追求的是共同发展，是陶行知先生倡导的平民教育；另一方面，在大众教育上，特别是在基础教育阶段，欧美的教育是很失败的，并不能给我们提供可以仿效的成功案例。中国教育的根本问题其实是前文提到的全世界教育共同面对的根本问题：如何改变传统的教学模式，有效回应后工业化时代对大众教育的五大挑战，即促进个性化发展、培养社会责任感、增强和谐相处能力、培养创新能力、回应社会高速发展中不断产生的现实需求。

过去 100 年，欧美国家付出了巨大的努力，尝试变革传统教育

---

① 郑永年. 中国已进入一个知识短缺的时代. http://opinion.huanqiu.com/opinion_china/2016-01/8447649.html [2016-02-10].

模式。然而，20世纪二三十年代的进步主义教育运动，六七十年代杜威和布鲁纳领导的课程改革，最近30多年的基础教育改革，全部以失败告终。进入21世纪，全世界都开始强调重视核心素养，然而各个国家目前仅仅是制定了框架，至于如何实施，思路还不明确。

## 六、中国教育的超越之道

中国社会主义的政治体制，是保证教育公平和实现大众教育最宝贵的制度优势，中国社会重视教育、刻苦学习的历史传统，是发展大众教育最好的文化背景，中国源于科举制度的以高考为核心的统一考试模式，是世界教育史上的伟大创新，如果能与新技术结合走向新型的“海量高考”，将是高质量大众教育的切实保障。一旦中国率先突破400年的传统教学模式，中国的教育完全有可能超越西方，引领世界教育的新潮流。

课程改革、教材改革、教师培训最终都需要与课堂相结合。只有课堂真正改变了，课程、教材和教师方面的变革才能整合起来、落实下去。课堂改革是教育改革的“最后一公里”，这是当前世界教育界达成的共识。过去20年最流行的教学改革，如自主课堂、高效课堂、翻转课堂、慕课，都没有给传统课堂带来实质性的变化。

对分课堂能否破解世界性的教育难题，实现课堂的真正变革？对分课堂能否带来中国社会思想夜空的星光灿烂，为民族复兴与大国崛起奠定坚实的基础，为全球化时代的世界教育与社会发展带来新的转机？所有认可和支持对分课堂的“对粉”们，让我们衷心期待，共同努力！

张学新

2016年12月于复旦大学

# 前　言

“创新”“创新人才培养”“创新教育”等诸多名词尽显社会发展对人才的需求，再一次把教育推向改革的风口浪尖。怎样的教育模式创新、人才培养模式创新才有利于培养创新型人才？

近期，香港中文大学（深圳）校长、中国工程院院士徐扬生在上海招生，接受记者采访时感慨：“教育的应试和功利已经到了极致，中学生和小学生的时间都完全被应试任务填满，学生根本没有时间思考，也根本不可能学会思考。到了大学的时候，我们招的学生往往已经失去了思考的能力，甚至失去了思考的愿望。所谓创新往往源于思辨能力，连思考都不行，更不要说思辨了。现在我们在大学里重新要做的，是帮助他们学会思考。”而反观大学教育，怎样才能让我们的学生学会思考呢？

作为大学教育的第一阵地——课堂——在培养创新人才中责任重大。而目前的大学课堂，低头族、手机控有增无减，教师“一言堂”尚占主导，学生亦满足于“被动听课”，对科学探索兴趣索然。改变传统单向知识传递，建立培养创新精神、着眼未来的交互型课堂，是培养创新型人才的第一要素。近几年，慕课、翻转课堂、微课、探究式教学、问题引导式教学等课堂教学模式快速发展，并在各门各类学科中尝试应用。

21 世纪的生物科学迅猛发展，科学发现与技术创新日新月异，这对知识结构的冲击和创新思维的要求日趋明显，对课堂教学也提出了更高要求。笔者本科毕业于内蒙古师范大学生物教育专业，博士毕业后在复旦大学从教 14 年，担任“微生物学”课程教学已经 7 个年头，一直关注教学改革。曾参加复旦大学第一届青年教师教学培训班，连续 3 年参加复旦大学教师教学发展中心主办的“全国高校教学创新研讨会”，也多次在课堂教学中尝试新教学方法，都取得了一定的效果。但是直到在 2015 年 8 月 21 日的教学会议中接触到“对分课堂”这一新的教学模式，让笔者如获至宝，10 天后即走进新学期的微生物学课堂。接下来在通识教育选修课“改变生活的生物技术”中也使用了对分课堂教学模式，反响很好。

对分课堂采用讲授（presentation）、内化吸收（assimilation）和讨论（discussion）三个阶段组织教学，既保留了中国传统教学模式，又吸收了国际研讨型课堂的精髓，主张在讲授和内化吸收的基础上，再进行讨论，既可以使学生通过听课掌握基本要点，又可以使学生通过个性化学习重新思考难点，使学生在充分准备的基础上进行有准备的、自信的讨论。这样既解决了中国传统课堂学生不愿提问的难题，也实现了培养学生自主学习和质疑精神的目标。

笔者在实践中发现，对分课堂模式改变了以教师为中心的知识传授型的教学方式，具有激发学生的学习积极性和自主性、培养思维能力和质疑精神的作用，促进了学生在学习中的主体地位，初步实现了走向主动学习的目标。

随着对分课堂走进更多的大学、中小学，越来越多的教师相继采用对分课堂模式进行教学，成功的教学实践不断引来更多的教师想要了解和尝试对分课堂。基于这样的广泛需求，张学新教授组织对分课堂的先行者编写各学科对分课堂教学手册，以提供详细的操作指导。笔者有幸成为《对分课堂之大学生物学》的编写者。

本书共分为四个部分。

第一部分包括第一至三章，主要介绍生物学科基本情况、课堂教学模式，并独列一章介绍了对分课堂这一新型教学模式。

第二部分包括第四至六章，以生物学科的主要课程之一“微生物学”为例，介绍了本课程的特点、对分课堂实践案例及效果评估。“微生物学”作为生物学专业（必修）课程的代表，可以为教师们理解或实践对分课堂提供参考。其中，在第五章的"'微生物学'课程对分课堂的实践案例"中，突出对分课堂操作程序和注意事项，为顺利实施对分课堂提供了详细的参考。

第三部分包括第七至九章，主要以通识课程"改变生活的生物技术"为例，介绍通识教育、通识课程的教育理念和培养目标，以及对分课堂如何实践通识教育"以学生为本，培养全面的人"的教育理念。在第八章的"改变生活的生物技术"对分课堂的案例中，重点突出了与传统课堂相比，教师备课阶段需要做出哪些改变、教师在学生讨论环节的引导及学生的表现。

第四部分包括第十章和第十一章，考虑到对分课堂模式进入公众视野仅仅一年多，教学实践也仅仅两年半的时间，但是现在的影响却与日俱增，所以第十章针对对分课堂中可能遇到的问题给予一些释疑，为新尝试者提供参考。最后一章则是通过笔者多年教学实践的反思，总结了对分课堂作为一种新型教学模式以及在大学生物教学中的优势，同时也强调了对分课堂对教师的挑战及笔者对未来理想教学法的展望。

由于笔者水平和能力有限，难免会有不当之处，欢迎广大读者批评指正。

刘明秋

2016 年 11 月 8 日

# 目　　录

# 第一章

# 生物学科基本情况

《普通高等学校本科专业目录（2012 年）》（教高〔2012〕9 号）中，与生物有关的专业包括隶属于 07 理学门类的 0710 生物科学类的生物科学、生物技术、生物信息学和生态学 4 个专业，以及列入 08 工学门类的生物工程专业。现在生态学专业独立成一级学科，不归属于生物科学类。2011—2012 年，教育部高等学校生物科学与工程教学指导委员会陆续制定了生物科学、生物技术和生物工程 3 个专业的专业规范[1-3]，其中对人才培养目标及规格、教育内容和知识体系都做了详细的规定，是各门课程制定教学大纲的依据。

## 第一节　生物学科概况

生物学是人们观察和揭示生命现象，探讨生命本质和发现内在规律的科学，是自然科学的重要分支，发展历史悠久。根据研究方法的特点和领域内突破性的进展，生物学的发展大体上可以分为四个时期：①17 世纪到 19 世纪中期，以分门别类、观察描述为主要特点的经典生物学时期；②19 世纪中期到 20 世纪中期，受数学、物理学和化学等学科发展的影响，生物学研究进入通过实验设计和操作探究生命奥秘的实验生物学时期；③1953 年 DNA 双螺旋结构模型建立后的分子生物学时期；④随着 2000 年“人类基因组计划”完成后的后基因组时代。其中以 1973 年基因工程技术诞生为标志的生物技术更是显现了强大的生命力，使生物学成为当今世界令人瞩目的学科，尤其是生物科学和生物技术的发展给人类解决健康、能源、资源、粮食、环境等问题带来新的希望。同时，生物科学中一些基本的问题，如生物的发育、进化等有了重大突破。

现代生物学是一门实验性科学。生命过程是物质运动的高级形式，因此，生物学研究的理论与技术都离不开数学、物理学、化学和信息科学的发展，生物与多门学科密切交叉、相互渗透也是当前生物学发展的重要特征，更是推动生物学快速发展和取得重大突破的动力。

## 第二节　培养目标（以生物科学专业为例）

生物科学专业的培养目标是：通过各种教育教学活动培养学生德、智、体、美全面发展，具有健全的人格；具有正确的世界观、人生观和价值观；具有成为高素质人才所具备的人文社科基础知识和人文修养；具有较强的自然科学基础（特别是数理化基础）；具有国际化视野和受到严格科学思维的训练，掌握生物科学基本理论、基本知识和基本技能，受到良好的专业技能训练；具备运用所掌握的理论知识和技能，从事生物科学基础理论及相关领域的科学研究、技术开发、教学及管理等方面工作的能力[1]。

从上述培养目标中可以看出，生物学专业培养出来的人才，应该达到以下标准：①具备完整的知识结构，包括人文社会科学的通识性知识、生物以外的自然科学知识、扎实的生物科学的专业知识；②具备坚实的能力结构，包括获取知识的能力（良好的自学习惯和能力、较好的表达交流能力等）、应用知识解决问题的能力、较强的创新性思维能力；③具备优良的素质结构，包括较高的思想道德素质、较高的文化素质、良好的专业素质和身心素质。

各门课程都以此为标准，在教学过程中有意识地进行课程设计，选用合适的教学模式，促进学生全面发展。

## 第三节　知识体系（以生物科学专业为例）

知识体系由知识领域、知识单元和知识点三个层次组成。一个知识领域可以分解成若干个知识单元，一个知识单元又包括若干个知识点。知识单元又分为核心知识单元和非核心知识单元。核心知识单元是该专业教学中必要的最基本的知识单元，非核心知识单元是核心知识单元的补充和扩展。核心知识单元的选择是最基本的共性教学规范，非核心知识单元的选择是体现各校的不同特点。生物科学专业共有 9 个知识领域，共 112 个知识单元，其中核心单元 89 个，核心理论 404 课时。

9 个知识领域分别是生命的化学分子基础、细胞的结构与功能及其重要生命活动、动物体的结构与功能、植物体的结构与功能、微生物的特征与代谢、生物多样性与进化、生物与环境、生物的遗传与变异、生物的生殖与发育[1]。每个知识单元都有详细的学习目标、所包含的知识点及其所需的最少讲授时间。

## 第四节　教 学 现 状

在多元化人才培养的今天，我国高校生物科学类仍然主要沿用传统的讲授法，即以授课为基础的学习（lecture-based learning，LBL）[4]。鉴于近几年生物科学专业本科生扩招过快过多，给原本紧张的教学资源带来较大压力，再加上本科院校普遍存在重科研轻教学的现象[5]，对教学规律、教学法探索不多，所以生物科学教育在创新型人才培养中如何发挥好应有的作用，需要引起生物学界教育者的重视。教育部高等学校生物科学与工程教学指导委员会在“生物科学专业规范”中特别提到，要高度重视采取强有力的措施确保教学质量，促进学生知识能力素质的全面协调发展[1]。

# 第二章

# 课堂教学模式概述

当前教学仍以课堂教学为主，正确理解教学模式的含义，有助于教师在教学实践中合理选择和运用相应的教学模式指导教学。最先将“模式”一词引入到教学领域，并加以系统研究的人，当推美国的布鲁斯·乔伊斯（Bruce Joyce）和玛莎·韦尔（Marsha Weil）。乔伊斯对美国课堂教学模式的开发与运用研究，始于 40 多年前。自 1972 年第一版《教学模式》（*Models of Teaching*）问世以来，他所领导的研究者和实践者从未停止过对教学模式更深入细致地探究和研发，目前已经出版到第八版[6]。

## 第一节　教学模式的含义

### 一、国外教学模式概念的发展

乔伊斯对教学模式的理解是不断变化、上升、完善的。在 1972

年出版的《教学模式》一书中，乔伊斯和韦尔对“教学模式”所下的定义是：“教学模式是构成课程和作业、选择教材、提示教师活动的一种范式或计划。”

在第六版《教学模式》中，乔伊斯和卡尔霍恩则写道：“强有力的教学模式适合所有的学生，并能够创建一种平等机会，因为运用这些模式不仅可以教会学生如何学习，而且由于它们具有相当的灵活性，所以可以适应并利用学生之间的差异。”

而在第七版《教学模式》中，乔伊斯指出：若干年前，人们曾期待着在课程与教学方面的探索能够出现一种适用于任何教学目标的教学模式。然而，当他们开始写作《教学模式》一书时情况并非如此，而且今天也依然如故。优秀的教学模式是由一系列的教学模式组合而成的。

在第八版《教学模式》中，乔伊斯更加明确地指出：教学模式是一种媒介，教师和实习教师通过它获得多种成功的教学方法，教学模式不仅在理论上具有极强的逻辑性，而且在实践上还具有很大的指导作用，它是用研究来指导实践这一专业化教学的基础[7]。同时他还指出，教学模式的提出是依据一定的理论或教学思想，而一定的教学理论和教学思想又是一定社会时期的产物，因此，教学模式的发展与变化必然会与一定历史时期社会政治、经济、科学、文化、教育的水平相联系，会随着社会政治、经济等方面的变化而变化。教育是一项长期的事业，关乎现在，更着眼于未来。随着时间的推移，所有这些教学模式最终都会被更完善的模式所取代[6]。

## 二、国内教学模式的含义

国内关于教学模式的定义，概括起来大致有以下四种[8]。

1. 理论说

这种观点认为，教学模式是在教学实践中形成的一种设计和组织教学的理论，这种教学理论是以简化的形式表达出来的，可称其为“理论说”。

2. 结构说

这种观点认为，教学模式是在一定教学思想或理论指导下建立起来的各种类型教学活动的基本结构和框架，可称为“结构说”。

3. 程序说

这种观点认为，教学模式是在一定教学思想指导下建立起来的完成所提出教学任务的比较固定的教学程序及其实施方法的策略体系，可称为“程序说”。

4. 方法说

这种观点认为，常规的教学方法俗称小方法，教学模式则俗称为大方法。它不仅是一种教学手段，而且是从教学原理、教学内容、教学目标和任务、教学过程直至教学组织形式的整体、系统的操作样式，这种操作样式是加以理论化的，可称其为“方法说”。

可以说，教学模式是一定的教学理论或教学思想的反映，是在一定理论指导下的教学行为规范。不同的教育观往往提出不同的教学模式。教学模式是具有独特风格的教学样式，涵盖教学过程的结构、阶段、程序，长期而多样化的教学实践形成了相对稳定的、具有特色的教学模式。作为结构框架，突出了教学模式从宏观上把握教学活动整体及各要素之间内部的关系和功能；作为活动程序则突出了教学模式的有序性和可操作性。

## 第二节　教学模式的分类及特点

关于教学模式的种类，国内外学者从不同角度出发有不同的分类。

### 一、国外教学模式

乔伊斯和韦尔根据教学模式是指向人类自身还是指向人如何学习，将其区分为以下四种类型[6]。

1. 信息加工类教学模式

这种类型的教学模式强调人类的内在驱动，通过获得信息和组织信息来认知问题并找到解决问题的方法，从而获得对世界的感知、发展概念和语言。该模式包括归纳思维模式、概念获得模式、图文归纳模式、科学探究及其训练模式、记忆模式、共同探讨法和先行组织者模式等。

2. 社会类教学模式

社会模式，顾名思义，强调的是人的社会属性、如何习得社会行为及社会交往如何提高人的学习能力等。许多人在一起工作能产生一种集体力量，即整合的能量。社会类教学就是利用这一原理来构建学习型群体的，其中包括合作学习模式、群体研究、角色扮演和法理学探究。

3. 个体类教学模式

这是从个人发展角度提出的学习模式。这些模式试图通过改革教育使我们更好地认识自己，为我们自身的教育负责，并学会超越自己当前的发展状况，而使自己更坚强、更敏锐、更富于创造力，进而追求更高的生活品质。其中包括源于心理咨询理论的“非指导性教学模式”、关于自尊形成和自我能力实现的“自我概念发展模式”。

4. 行为系统类教学模式

这种类型的教学模式以社会学习理论为依据，把教学看作是一种不断修正的过程，着重控制和培养学习者的行为习惯。该类教学模式有着坚实的研究基础，适用于所有年龄段的学习者并且拥有广泛的教育目标。属于这种类型的教学模式有掌握学习模式、直接指导模式和模拟训练模式。

## 二、国内教学模式

国内对教学模式的分类也有很多。有的把教学模式分成三类：第一类是师生系统地传授和学习书本知识的教学模式；第二类是教师辅导学生从活动中自己学习的教学模式；第三类是折中于两者之间的教学模式。

我国的教学实践中较多地采用“传递—接受”的教学模式。它源于赫尔巴特及其弟子提出的“五段教学”，后经苏联凯洛夫等重新加以改造传入我国。我国的教育者根据自己的教学经验以及现代教育学和心理学的理论，对其加以调整，形成了“传递—接受”教学模式。20 世纪 80 年代以后，在我国教学理论与实践中产生了较多的教学模式，归纳起来，主要有以下几种类型[8]。

1. 自学—指导教学模式

它是指教学活动以学生的自学为主，教师的指导贯穿于学生自学始终的教学模式。

2. 目标—导控教学模式

它是指以明确的教学目标为导向，以教学评价为动力，以矫正、强化为活动中心，让绝大多数学生掌握教学内容的一种教学模式。全国各地自 20 世纪 80 年代中期以来所进行的目标教学、单元达标教学均属于此类。

3. 引导—发现教学模式

引导—发现教学模式又称问题—探究教学模式，是指教学活动以解决问题为中心，学生在教师指导下通过发现问题、提出问题的方法并付诸行动找到答案的一种教学模式。它主要是根据约翰·杜威（John Dewey）、皮亚杰、布鲁纳等先后倡导的“问题—假设—推理—验证”等程序，结合我国广大教学工作者的实践而建立起来的。该模式多见于数理学科的教学。

4. 情境—陶冶教学模式

情境—陶冶教学模式又称为情—知互促模式，是指在教学活动中，创设一种情感和认知相互促进的教学环境，让学生在轻松愉快的教学气氛中有效地获得知识同时陶冶情操的一种教学模式。这类模式的有关实验有“情境教学”“愉快教育”“成功教育”“快乐教学”“情知教学”等。

教学模式具有指向性、操作性、完整性、稳定性和灵活性的特点。所谓指向性是说任何一种教学模式都是围绕着一定的教学目标设计的，而且每种教学模式的有效运用也需要一定的条件，因此，不存在对任何教学过程都适用的普适性的模式，也谈不上哪一种教学模式是最好的。评价最好教学模式的标准是在一定的情况下达到特定目标的最有效的教学模式。在教学过程中选择教学模式时，必须注意不同教学模式的特点和性能，注意教学模式的指向性。

## 第三节　当前我国大学生物课堂教学模式概述

### 一、教学模式改革的必要性

随着社会的进步、经济的发展、价值观的改变及现代科技的突飞猛进，高等教育的改革势在必行。“十二五”期间，我国高等教育已经步入以质量提升为核心的内涵式发展的新常态。教学模式和教学方法也发生了极大的变化。20 世纪 90 年代，高等教育主要采用所谓“填鸭式”教学的传统教学模式，一块黑板、一根粉笔，教师一堂课满堂灌，学生拼命记笔记。21 世纪初，随着多媒体的普及，教师摆脱了黑板和粉笔，学生由课堂笔记改为看 PPT 课件，但是随之而来的是，学生反映教师照本宣科，教师发现学生变成了低头族、手机控，学生与教师之间的关系越来越松散，课堂教学效果差强人意。于是，新一轮的教学改革应运而生。

“中国发展高层论坛 2016”经济峰会吸引了包括美国耶鲁大学校长苏必德在内的诸多中外名校高管。苏必德认为，能够培养创新精神、着眼未来的课堂是交互型的，是一个由各种各样讨论组成的课堂，而不是被动地单向传递知识的课堂。他说：“如果让我提建议的话，首先就是要对中国的教育体系进行创新，解决课堂文化的问题。”这也是我国高等教育必须面对的问题。

在多元化培养人才的今天，我国高校生物科学类仍主要沿用传统的讲授法，即以授课为基础的学习。传统的以授课为基础的学习教学系统中教师能够较好地完成预定目标，能很好地传授基础知识，使学生打下较为坚实的学科基础，但同时也存在较大弊端：容易忽视学生在学习中的主观能动性和创造性，对创新型和多元化的人才培养不利[4]。

当前，无论是一线教师还是教学管理者，都在努力地思考和尝试教学理念和模式创新、教学方法和手段创新及学习方式的创新，力求深化教育教学改革，努力提高人才培养水平，满足“互联网+”时代对创新型人才的需要。

## 二、当前我国大学生物课堂教学模式

大学生物教师在教学模式和教学方法上不断尝试并积累了大量的经验。近几年备受关注的有翻转课堂[9-11]、混合式教学、五步教学法[12]、WPBL 教学法[13]、知识关联教学策略[14]等，也涌现出启发式、讨论式、参与式、案例教学法[15]等创新模式。比如，长治医学院张雄鹰在医学微生物教学中采用多元化教学模式[16]；安徽农业大学曹媛媛采用基于问题式学习（problem-based learning，PBL）教学法[17]；浙江工业大学汪琨等采用“大班授课、小班研讨”的教学模式[18]；重庆师范大学唐蓓在“遗传学”教学中探索了“问题引导下‘自学+课堂问答’的促进自主学习的教学法”[19]；等等。下面介绍几种教学模式的应用案例，方便大家比较和参考。

### 1. 慕课和微课

#### （1）慕课

慕课，即大规模在线开放课程（massive open online course，MOOC），是一种新型的网络化在线学习模式，2008 年在美国诞生，2012 年出现了爆发式的增长，并形成了慕课的三大平台 edX、Coursera、Udacity。因此，2012 年也被《纽约时报》称为“慕课元年”。

英国一家非政府组织英国大学联合会（Universities UK）曾在报告中将 MOOC 区分为两类。第一类是早期版本的、基于关联主义学习理论的 cMOOC（connectivist MOOC），作为开放教育资源的一部分，它高度强调同伴学习。第二类是近期流行的、基于行为主义学习理论的 xMOOC，其通常由专有的学习管理平台与学术机构或个人签订合同来运营，课程则参照传统讲授课堂的形式进行制定。目前，MOOC 又发展出新的形式，即 MOOC 3.0（又称 C3.0），其最主要特征是将自身整合到传统教育机构中去。总体而言，目前的整合方式越来越聚焦在内容授权方式，即把 MOOC 视为“未来的教科书”，以此支持混合式教学及翻转课堂[20]。

（2）微课

微课（micro-lecture）是“微型视频网络课程”的简称，是美国学者最早在2008年提出的，现在微课被定义为按照新课程及教学实践内容，将教学中某单个知识点（一般是重点、难点）刻录成5～10分钟的视频，教师通过这个视频的载体展示精彩教学活动的过程。

MOOC和微课紧密相连，MOOC是一门课程下的所有微课的集合群，而微课借助MOOC的平台，实现了各类微课资源的共享和开放[21]。

MOOC以其来自名校的优质教学资源，在很短的时间内受到了人们的热烈追捧，成为开放教育资源（open education resource，OER）运动中的一道风景。MOOC热潮也引发了高等教育工作者的关注和思考。刘继斌等[22]认为，MOOC是以学习者为中心的课程设计理念、基于知识块的课程资源建设、界面友好的交互平台、效果良好的教学新模式、新型的在线学习方法和师生关系，对我国高等教育课程教学改革有很好的启示。认真思考我国高等教育课程教学改革的努力方向，是对 MOOC 这一教育新事物的积极应对。无论是参照MOOC提升精品课程建设水平，还是促进传统课堂与网络学堂的融合，都需要认真研究和努力实践。

王光远等[23]借鉴 MOOC 模式探讨了“普通微生物学”课程教学改革。教学的基本程序分为三个阶段：第一阶段是课外的自主学习网络课件；第二阶段是课堂教学和讨论；第三阶段是对知识点的提高和升华。该教学模式的优势表现为提高了学生主动学习的动力，学生学习时间可以灵活安排，节约了课堂学习时间；但也存在课程完成率低、课堂教学到课率低等问题。

2. 翻转课堂

翻转课堂是一种将讲授和其他传统课堂元素移至课外，以更多学生间互动、小组问题讨论取而代之的教学形式。传统课堂中，知识讲授的部分通过各种不同类型的视频，由学生在课外完成。在翻转课堂中，教师针对学生课后视频所学的内容提出 5 个问题，通过课堂无线即时答题器收集回答。如果某一道题目的正确率比较低，表示学生没有理解这部分内容，教师可以利用课堂时间讲解这部分知识。翻转课堂的构成可以有很多不同的组合，课外学习可以是阅读材料与在线交流结合，也可以是视频结合阅读材料。

翻转课堂是建立在慕课、微课等网络资源基础上的教学模式，是一种通过在线学习解放课堂学习时间的方法[24]。发挥翻转课堂优势的关键在于如何将教学视频与教学总体整合在一起。学生不能“仅仅观看视频”，教师还要检查学生笔记，并要求每个学生带一个问题进入课堂。

翻转课堂最核心的概念是改变传统的授课方法：用教师制作的视频及互动课程，将原本在课堂上进行的教学轻松地搬到家中进行。课堂变成了解决问题、深度探讨概念及合作学习的地方。更重要的是，这种教学方式更好地利用了时间这一稀缺教育资源。

Elizabeth Millard[25]总结了开展翻转课堂的五大好处：提高学生到课率、加强团队合作技巧、提供学生个人指导、集中课堂讨论和给教师提供自由空间。但他也特别提到：虽然翻转课堂有很多优点，但并不是适合每门课程、每位教师。翻转课堂更适合于某一位教师或一个学科而并非整个学院。另外，那些时间有限和缺乏在线视频制作技术的地方也不适合开展翻转课堂。

对教师而言，翻转课堂对教师教学技能有提升作用，当然这也是一个巨大的挑战。因为教师需要在一个4～6分钟的剪辑视频课程中准确地将概念解释清楚，且易于学生理解。同时，制作视频使教师不得不关注教学的细节——教学步调、教学所使用的范例、视觉展示及作业布置。

华中农业大学生命科学技术学院陈雯莉教授，在微生物学教学过程中进行翻转课堂的教学改革实践，从课堂教学、课后作业、课程论文、主题讨论、在线答疑等方面积极地引导学生，使学生在生活中自主学习微生物学相关知识，将翻转课堂与传统课堂相结合，实现了教学由“课程传授”向“知识内化”转变，学生不仅掌握了微生物学相关知识，而且能够自主串联、主动学习，真正地实现了课堂翻转[9]。复旦大学生命科学学院林娟在“改变生活的生物技术”课程中的“转基因技术”一节也采用了翻转课堂教学模式[10]。

### 3. 五步教学法

五步教学法由阶段教学法发展而来。阶段教学法是德国教育家赫尔巴特最先提出的。他作为心理学家把儿童课堂学习的过程认定是一个完整的结构，创立了“四段教学法”，后由其弟子席勒加以完善提出了“五步教学法”。再后来是俄国著名教育家凯洛夫将其改造，写进《教育学》一书中，自此五步教学法影响世界。五步教学法在教学过程上分为五个阶段，依次是组织教学—复习旧课—讲授新课—巩固新课—布置作业。

兰州交通大学赵萌萌根据其微生物学课程中存在的问题，结合自己多年教授该课程的经验，提出以“导学—自学—教师辅导—课堂互学—整体讲授”为核心的五步教学法的教学改革模式。初步实践表明：①通过对五步教学法的认真实践，可以使学生牢固掌握书本知识，并且变被动学习为主动学习。②通过自学、准备、课堂报告、评价等环节的实践增强了学生的自信心，激发了学生的竞争意识；同时，提高了学生的逻辑思维、知识理解、总结归纳及语言表达等多方面的能力。③将五步教学法过程纳入成绩评价体系，成绩评定更加合理[12]。

4. 合作学习教学模式

根据乔伊斯对教学模式的分类，合作学习属于社会类教学模式。20 世纪上半叶，杜威都在大力宣传这一理念[6]。以他的观点作为理论基础，合作学习理论在许多学校教育模式的发展和进步教育协会的运动中都得以表现，引领着当时教育研究和社会模式的发展。合作学习教学模式可以促进学生内部发展动机，激励其为满足自身成长需要而进行学习。其有利于所有年龄阶段的学生的所有课程的学习，它能够提高学生的自尊心和社会技能，增强学生之间的凝聚力，有利于学生根据学科原理采用不同的探究模式来实现获得信息和技能的学业目标。

尹军霞等[26]在微生物学教学中采取了由任务驱动的团队自主合作学习教学模式。该模式以任务为主线，把教学内容和能力培养目标隐含在任务之中；以教师为主导，引导学生主体利用学习资源，通过个人自主学习及团队合作学习来建构知识和提升能力。三轮教学实践表明，由任务驱动的团队自主合作学习教学模式，激发了学生的学习积极性，培养了学生的综合能力和创新意识，也促进了教师教学水平的提高。

5. PBL 自主探究式教学模式

问题式教学（PBL）是 1969 年由美国的神经病学教授 Howard Barrows 在加拿大麦克马斯特大学创立的医学教学模式，目前已成为国际上较流行的一种教学方法[4]。PBL 是一套设计学习情境的完整方法，是基于现实世界的以学生为中心的教育方式。

我国最早引入这一模式是 20 世纪 80 年代，随后一些院校的课程都开始应用，并取得一定的经验[4]。它与以教师讲授为主的传统教学不同，PBL 强调以学生的主动学习为主。PBL 将学习与更大的任务或问题挂钩，使学习者投入问题中；它设计真实性任务，强调把学习设置到复杂的、有意义的问题情景中，通过学习者的自主探究和合作来解决问题，从而学习隐含在问题背后的科学知识，形成解决问题的技能和自主学习的能力。例如，在医学教学中是以病例为先导，以问题为基础，以学生为主体，以教师为导向的启发式教育，以培养学生的能力为教学目标。

PBL 教学法的精髓在于发挥问题对学习过程的指导作用，调动学生的主动性和积极性。PBL 教学法与案例分析有一个很大的不同点是：PBL 以问题为学习的起点，案例分析是教师先讲解教材，在学生掌握一定知识的前提下，然后做案例分析。

安徽农业大学曹媛媛采用 PBL 教学法[17]，通过课前精心选编案例，课堂上有效引导学生，充分发挥案例教学在培养学生发现、认识并解决问题的能力及启发科学思维等方面的作用。但是，在实践过程中，教师应避免案例教学流于形式等问题。

探究型教学是在 PBL 实践基础上的深化，其目的在于培养学生的科学素养，本质在于不直接把构成教学目标的有关概念和认知策略告诉学生，而是由教师创造一种智力和社交环境，引导学生进入目标知识点的学习。探究型教学可以让学生养成多种视角认识自身和世界的习惯，赋予学生知识、技能、思维习惯和生活的基础，使他们养成终身学习的良好习惯，并且能够适应环境的变化。20 世纪后，美国哈佛大学、布朗大学、斯坦福大学、普林斯顿大学、哥伦比亚大学等世界一流大学不约而同地把目光投向本科教育改革，致力于推崇博雅教育，培养具有反思性、经过良好训练的、有知识的、严谨的、有社会责任感的、独立的、具有创造性的思想家，探究性教学是其中一个非常重要的教学结构组成部分。国内一些知名学府如北京大学、清华大学、厦门大学、浙江大学等，也在对探究型教学的特有优势进行推广。而基于自主探究的教学模式强调以“自主探究”为主线，将科学研究方法、科学思维方式、创新意识、科学态度和科学精神融入基础性、综合性、自主设计实验的各个教学环节之中。实践证明，该模式对学生知识、能力、人格的全面协调发展起到了积极的推进作用[4]。

6. 知识关联教学策略

从理论上看，知识关联教学策略属于信息加工类教学模式中的先行组织者模式[6]。先行组织者能够加强认知结构并且提高对新信息的保持能力。其目的是解释、整合并把先前学到的材料和当前的学习任务联系起来。最有效的组织者是那些使用学习者熟悉的概念、条件、原理及适当阐述或类比的组织者。

如何利用知识关联教学策略为学生建构一个更复杂的知识网络？上海交通大学陈峰教授[14]在微生物学专业基础课程的教学中，

探索了知识关联教学策略的应用。教师用可视化的概念图来展现课堂知识的组织，并通过课堂讨论、课堂作业的方式，鼓励学生画出自己的概念图，甚至请学生在黑板上展示他们的概念图、流程图，从而引导学生构建多元的知识关联。力求通过知识关联教学策略与方法，帮助教师在课前消除教学“盲点”，引导学生形成自己的知识关联与知识构架，进而提高学生解决复杂问题的综合能力与素质，使其在创新人才的培养中发挥作用。

7. 对分课堂

对分课堂教学模式是国内张学新教授根据心理学原理提出的适合我国国情的新型教学模式。其核心理念是分配一半课堂时间给教师进行讲授，另一半给学生以讨论的形式进行交互式学习，突出课堂讨论过程。其关键创新在于把讲授与讨论在时间上错开，让学生在中间有一周时间自主安排学习，进行个性化的内化吸收[27]。笔者于 2015 年 9 月将对分课堂教学模式引入微生物教学，并且完完整整地落实在这个学期的教学中，在最后的学生评价中获得了较好的反馈（4.83 分，满分 5 分）。从上课 2 周后学生自主选择教学模式比例（80%）和学期末的学习反馈来看，学生更认可对分课堂的教学模式[28]。继而笔者在 2016 年春季的通识选修课“改变生活的生物技术”中也使用了对分课堂教学模式，得到了学生的广泛认可。

笔者认为，对分课堂教学模式更有利于逐步改变以教师为中心的知识传授型教学方式，激发学生的学习积极性和自主性，确立学生在学习中的主体地位，促进学生主动学习；更适合生物学这样一门历史较短、发展较快、纵（指其中阐述的生物学规律）横（指其中包含的各大类生物）交错、广泛联系实际、具有覆盖面广和跨度大等特点的学科；更有利于改善学生“听得懂、理不清、记不牢”的状况。

## 三、教学模式小结

高校生物学授课教师多年来所有的教学改革尝试都是为改变当前课堂教学中以讲解为主、学生参与度低、学习积极性和主动性不高的现状，力图走出生生交流少、师生互动少、评价方式单一的困境，体现学生是学习的主体，引导学生“在学习中研究、在研究中学习”，激发学生的学习兴趣，培养学生自主学习的能力，充分发掘学生积极探索与研究的潜力，实现在教学全过程中激发和鼓励学生的批判性思维和创新能力，促进个性发展及提升教学质量的内涵式发展目标。

上述例子使我们认识到不同的教学模式对学生的影响存在巨大差异。优秀的教师能够创造这种差异，并且利用合适的教学模式来优化这种差异。

乔伊斯 40 多年的《教学模式》研究告诉我们：一个人要全身心地搞好教学就必须敢于探究，不断地去研究心理、思想、情感与环境之间的相互作用和相互转换。教学模式是许多教师探究的结果。所有的教师都是通过与学生接触，创造教育学生的环境来积累丰富的实践经验的。研究者通过对这些实践教学研究和改进，使其发展成为教学工作中提高职业技能的模式。只要通过集中学习和选择科学合理的模式，教师的教学技能就能够有效提高。掌握这种模式的关键是将其作为探究的工具来使用。我们提供环境，研究学生的反应，同时从经验中学习，在经验中逐步进步[6]。

# 第三章

# 对分课堂教学模式

本章具体介绍“对分课堂”这一新的教学模式，包括对分课堂教学模式的理论依据、具体实施过程和实施中需要注意的问题。因为对分课堂是国内学者最新提出的教学模式，2014 年春季首次尝试使用。虽说自 2014 年 9 月 1 日起开始推广，至此已经被全国数百位不同科目教师采用，覆盖学生数万人，应邀专题讲座 30 多场，但是，涉及具体学科或课程仍然仅有为数不多的教师尝试。笔者有幸成为将对分课堂应用到生物学教学的第一人，为了能够给同行提供细致、有价值的信息，在此将详细介绍如何使用“对分”、对分课堂中会遇到哪些问题以及可能的解决办法，希望与同行探讨、共勉。

目前，对分课堂 QQ 群已超过 5000 人。2015 年 10 月，对分课堂被纳入上海市新教师培训项目。截至 2016 年 11 月，各地教师围绕对分课堂共立项校级教改课题 130 多项，省级教改课题 30 多项，发表教学研究论文 90 多篇。对分课堂的基本理念可能会引发传统课堂的深刻变革。

## 第一节　对分课堂简介

“对分课堂”是张学新教授根据国内大学课堂的现状、基于心理学规律提出的课堂改革新模式[27]。其核心理念是分配一半课堂时间给教师进行讲授，另一半给学生以讨论的形式进行交互式学习，突出课堂讨论过程。其关键创新在于把讲授与讨论在时间上错开，让学生在中间有一周时间自主安排学习，进行个性化的内化吸收。此外在考核方法上，对分课堂强调过程性评价，并关注不同的学习需求，让学生能够根据个人学习目标确定对课程的投入。对分课堂把教学分为在时间上清晰分离的三个过程，分别为讲授（presentation）、内化吸收（assimilation）和讨论（discussion）（对分课堂也可称为PAD课堂）。类似于传统课堂，对分课堂强调先教后学，教师讲授定框架、明方向，为学生内化吸收省力。类似于讨论式课堂，对分课堂强调生生互动、师生互动。对分课堂希望通过调动和发挥学生学习的自主性，减少授课中简单、重复性的工作，提高教学质量，改善教学效果。

## 第二节　对分课堂实施步骤

### 一、制定教学大纲

在理解了对分课堂教学模式之后，教师可以组织教学，首先制定教学大纲。大纲主要包括教学目标、教学内容、教学模式、教学要求、考核方式、作业评价等。在教学模式中详细阐述对分课堂的基本要求，让学生对新的教学模式有充分的了解。在学生选课阶段就将教学大纲上传到选课系统，以便学生作为选课参考。

## 二、准备课堂教学内容

根据对分课堂的核心理念，分配一半课堂时间给教师进行讲授，另一半给学生以讨论的形式进行交互式学习，较传统课堂更突出课堂讨论过程。因此，课堂授课时间被大大压缩，教师应该重新准备授课内容，尤其要精心准备重点、难点内容，精练讲解语言，易于学生吸收。

## 三、上好第一堂课

虽然教学大纲中已经介绍了本课程、本学期的教学模式，但是学生选课时不一定特别在意或者不能完全理解其意义，以及其与传统授课方式的区别，所以在第一节课中，教师需要做到以下几点。

1. 解释对分课堂

教师要详细解释对分课堂模式的关键点，即与其他教学模式的区别、教学组织过程、考核方式、平时作业的具体要求。尤其要让学生明确改变教学模式的最终目标，即通过这种方式还课堂于学生，激发学生自主学习兴趣，通过加强生生互动、师生互动，引导和鼓励学生的批判性思维和创新能力，促进个性发展，从而极大地提升教学质量。

2. 作业说明

教师要向学生说明课后作业是对分课堂的一个特色及作业的目的。对大学生而言，一听说作业马上会与负担对应起来，因为许多课程是没有明确作业的，尤其不会每周有作业，他们已经习惯于上课听听，然后考前突击复习三天三夜的应考模式。

对分课堂教学模式中的作业有五个目的：①阅读教材，搭建知识框架；②及时复习，掌握重点、难点，减轻期末复习压力；③督促查阅课外资料，解决疑难问题，培养探索意识；④与作业相关的平时成绩占 50%，实现过程性评价，有助于学生根据自己对每门课程的兴趣和精力合理分配不同科目的学习时间，又不至于影响该课程的总成绩；⑤生物学是一门起步晚、发展快的学科，知识更新速度很快，学生在完成作业过程中会发现课堂与教材及其他文献的矛盾之处，引导质疑精神。

3. 明确作业形式和要求

教师一定要明确作业要求，约定交作业时间、提交作业方式。课后作业形式是读书笔记，内容包括课堂笔记或课后笔记的整理，并在此基础上整理出讨论内容，即下面提到的“亮考帮”。给出评分标准。鼓励学生手写作业，使用专用的笔记本，格式不限，字数不限，可以以照片形式提交，也可以以电子版形式提交。下节课上课时要求带作业到课堂，方便小组讨论。

作业完成时间一般 5 天为宜，即在下次课前 2 天提交，严格设置时间节点，利于改变学生的拖延症，养成良好的学习习惯。

4. 明确讨论内容和形式

对分课堂的一个重要环节是讨论，讨论的主题不是教师指定问题，这一点与研讨课不同。讨论的问题来源于每位学生，是学生通过上课听讲，课后阅读教材、参考书或 PPT 形成讨论的内容。

为了清晰明了地展示讨论问题，对分课堂中形成了“亮考帮”三种类型的问题。每位学生在内化吸收环节需要提炼出至少 1 个“亮闪闪”的收获，即在教师讲授或自主学习过程中最大的知识上的收获或科学思想上的收获（这要求教师在授课过程中也要有明确的重点知识或主要学术、科学思想的启迪）。需要提炼出至少 3 个“考考你”的问题，即自己通过课堂、教材学习或者查阅文献、网络相关资料理解清楚的重要问题，通过考考别人的方式传递信息。这些问题也要涵盖课程的重点和难点。至少提出 3 个“帮帮我”的问题，这些是自己经过思考、查阅文献仍然没有解决的课堂或教材中出现的问题，提出来寻求别人的帮助。

讨论分为小组讨论和全班交流 2 种形式。小组讨论是每位学生的“亮考帮”交流，在此基础上可以形成小组的“亮考帮”，用以全班交流。对分模式是比较灵活的教学模式，如教师可以根据每堂课的授课内容和整体安排来分配讨论与讲授时间；讨论阶段的时间分配也可以根据课程内容具体调整，如小组讨论为 15～20 分钟，全班交流为 5～10 分钟。全班交流不必每个组都有代表发言，时间允许、争议大的问题可多请几组代表发言，否则可减少发言组数。遗留的问题可以放在课后，以其他形式交流。

5. 鼓励学生质疑

教师鼓励学生对这种教学模式发问，并认真回答学生的问题，解惑、释疑以后学生更容易接受教学模式的转变，也更愿意投入时间和精力参与到教学中来。

6. 允许学生选择

作为一种新教学模式，允许学生选择，这种选择包括 2 种含义。其一，如果有平行班，允许学生在了解或体验了对分课堂之后选择留下或退出，在开学前 2 周不计考勤；其二，允许全班学生在完整体验 2 次对分课堂后无记名投票选择本学期授课采用传统教学模式还是对分课堂教学模式。

7. 分组

根据班级人数，采取抽签方式随机分成 3～4 人一组，固定小组座位，方便教师熟悉学生面孔、识记学生，也可以约束有逃课想法的学生。3～4 周重新分组一次。

8. 开始讲课

正式讲授课程内容，为下节课做准备。

## 四、课后及时完善并上传课件

学生需要使用课件完成作业，所以教师应及时将课件上传到指定网址，并提供必要的参考阅读资料和相关视频。如果有公共资源链接也可以同时提供链接。通过查阅学生点击下载课件的频次可以了解学生学习的状况，对于较少登录网址下载课件的学生需要单独了解情况，并私下沟通。

## 五、批改作业、展示作业

第一次作业批改非常重要，即便教师课上已经交代了作业要求，但是学生交来的作业还会存在各种问题。比如，不知道“亮闪闪”写什么，“考考你”或“帮帮我”的问题只有 1 或 2 个；为了完成作业而完成作业，篇幅太长，没有自己的归纳、总结，仅仅照抄 PPT 或教材内容；写得太简单，没有实际内容；重点或难点没有体现出来；等等。对于每位学生的第一次作业都给予评价和指导性意见，并给出分数，以便学生在下一次作业中加以改进或继续保持。对于优秀的作业可以在网上或课堂讨论时分享，一方面对优秀者是一种鼓励，另一方面对其他学生也起到示范作用。

## 六、课堂讨论

1. 小组讨论

第二堂课开始，学生们带着作业来上课，按照指定位置坐好，开始小组讨论。教师再次强调一下讨论内容和时间分配，并让学生组内自己商定组长和记录、发言人，以及每堂课组内的角色互换。在各小组讨论期间，教师走动巡视，关注各小组是否分配好角色并进入讨论环节，提醒各组组长控制好发言人时间，尽量保证每位学生都有机会参与发言，尽量完成“亮考帮”交流。教师可以解答个别问题，但不鼓励深入加入某一组讨论，以致不能照顾其他小组讨论进展。

### 2. 全班交流

根据时间安排结束小组讨论，进入全班交流环节。教师可以根据组序号请每组代表交流他们组内的讨论结果，包括解决了哪些问题、还有疑问的问题，这时其他组的学生可以对有些问题给予回答或补充，针对有争议的问题给出他们的意见或解释。这一环节中，教师发挥问题引导、鼓励其他学生发言的作用。创造一种良好的讨论氛围是讨论环节的关键。

最后，教师对讨论中的重点问题加以提炼，对难点问题给予解释，对学生讨论没有涉及的重点或难点问题予以补充，以便学生及时完善知识框架。对于有争议的问题可以给出目前的研究进展、前沿信息或自己的观点，如有可能，需要澄清科学性及争议的焦点，或者提供给学生相关的文献或链接网站供感兴趣的学生课后探索。

## 七、授课环节

讨论结束后，教师进入授课环节，讲授新知识。该环节需要围绕教材和主要教学参考书在勾勒出本课程知识框架的基础上讲解重点、难点内容，切忌泛泛而谈，因为常识性或简单内容学生在完成读书笔记的同时会自学。况且，由于讨论环节已经占用了部分上课时间，在有限的时间内务必完成重点、难点的讲授。

## 八、课后交流

在有限的交流时间内，不能解决全部的问题。通过小组讨论和全班交流仍然没有得到解决或仍然感兴趣的问题，可以提炼出来交给教师或者发布到讨论平台，如微信群，教师在此给予及时反馈，学生也可以在此直接参与回答问题或提出新问题。

## 九、课后学生完成作业，第三节课进行课堂讨论

如此循环往复，直至完成本门课程教学。

## 十、学生对教学模式的选择

在第三次课结束时，已经完成了 2 次完整的对分模式教学，这时可以采取无记名投票的方式由学生表决接下来的课是采取对分课堂模式还是传统教学模式，并当场公布表决结果。

经过 2 次完全的对分课堂模式后，学生会多倾向于选择对分课堂模式。因为没有指定的作业题目，所以完成作业并不是很困难，而且可以得到不错的分数，如经过作业点评以后分数可以从 3 分进步到 4～5 分。再者，小组讨论给予了每位学生发言的机会，全班交流给予部分学生展示的机会，使学生有一种课堂主人翁的感觉，他们可以平等地发表自己对一些问题的看法或观点，容易激发学生内心的自豪感和成就感。

教与学本身是互相依存的，给予学生应有的选择权是对学生最基本的尊重，所以当学生看到教师真心为了让他们有更多、更大的收获而践行教学改革并为此辛勤付出时，学生会感受到教师的真爱而支持教师，这种支持也体现在后续的积极反馈中。

### 十一、及时倾听学生反馈

一般6～7周以后，学生已经适应了对分课堂模式，也对其中的一些环节有了更多的思考，这时运用一些匿名形式来征求学生意见往往会得到比较真实的反馈。这种反馈不需要全班学生必须参加，以免造成压力，只需要强调为了更好实践对分教学，达成理想中的教学效果，请大家给予具体的意见或建议。即使仅有3～5人给予反馈，也足以让教师做出改进。将这些意见及时和全班学生交流，使他们一直处于积极的参与状态。平时也可以通过微信或电子邮件与学生交流意见，建立良好的师生关系。

## 第三节　对分课堂中需要注意的问题

第一次使用对分课堂模式难免担心存在操作不当、课堂组织不力、与学生沟通不畅等问题，所以本节列举了一些笔者在对分课堂中遇到的及考虑到的问题，也提供一些解决的办法供各位同仁参考。

### 一、作业提醒

大学生对作业的重视程度远远差于中学生，尤其是有些学生以考上大学为最终目标，大学期间很少做作业。所以，为了保证学生按时提交作业，也为了保证对分课堂模式的课堂讨论环节有效进行，教师必须督促学生按时提交作业。在设定作业期限时可以再次设定一个最晚提交时间，或者仅设定一个时间，还要在截止日期前要通过微信群提醒一次。

## 二、作业评价的技巧

对作业给予及时、正面的反馈和客观的评价是促进学生积极参与的利器。通过提交的作业可以看出学生对本课程的认真程度，但是即便是明显应付的学生也要给予耐心的引导，评价时要注意技巧。教师要想通过和学生交流的方式达成教育和教学的目的，那么，在评价时，就需要遵循“三不三多”的原则，即不批评、不抱怨、不指责，多鼓励、多表扬、多赞美。赞美采用“三明治”方式，即“赞美、建议、再赞美”。我们的学生都是在赞美声中长大的，所以这一招对他们很受用。在和谐的关系中达成共同的目标，何乐而不为呢？

## 三、关注个别学生

一个班级中难免有基础差、学习困难的学生，对这样的学生要给予特别的关注。一方面课堂交流时多给予关注，询问有无不理解的问题；另一方面作业评价中给予肯定和明确的要求，有改进后给予肯定的评价和相应的分数。

班级中还会有不按时上课甚至逃课的学生，他们不是仅仅对某一门课不感兴趣，而是已经养成了不好的作息或学习习惯，要么熬夜打游戏，要么学习没有明确目标，要么对学习失去兴趣。通过完成作业情况可以及早发现这类学生，对他们要给予特别的关注，如课后及时沟通，电话督促其上课等，如果能够达到谈心的程度将更有利于学生发生转变。教师要让每一位学生感受到对他们的关心，让对分课堂成为每一位学生的课堂。

## 四、在讨论中注重引导

讨论作为对分课堂的主要环节，如何让学生在每次的交流中有所收获，需要注意和改进的方面很多。比如，讨论初期，学生往往不敢大声发言，认为他的发言只是给教师听，所以这时教师可以选择站在讲台上或离发言人最远的地方，示意发言人要大声发表意见以致足以让全班学生听见，如果是大班教学则需要配备话筒。还有学生发言时叙述不清，这时教师可以重新表述他的问题予以示范或请其他学生转述。

鼓励学生在全班交流环节进行“此起彼伏”式的讨论甚至争论，各抒己见，问题会愈辩愈明。

对于没有定论的问题或观点，可以发表意见，但是不应过多占用课堂时间讨论。通过讨论达到对重点、难点的理解和掌握，对易混淆概念的辨析，对前沿知识的涉猎，激发学生对生物学科的求知欲。

## 五、对成绩的反馈

既然对分课堂关注过程性评价，学生也有权利知道自己的平时成绩。所以教师应争取做到每次作业都反馈给学生，而且要一对一反馈。如果班级人数较多，可以每 2 周反馈一次，如有助教可以请其协助完成。

## 六、作业提交及批改

作业提交到指定网站平台，需要设定最后提交时间，过期则无法提交，这样方便教师随时批改，反馈也容易。作业批改应该由教师自己完成，这样可以及时了解学生的学习情况。一般 3 次作业以后，批改速度就会提高，关注点可以落在“帮帮我”上，共性的问题或有新意的问题可以提炼出来在讨论阶段总结。此外，教师不用回答每位学生的问题，只要审查学生是否认真写读书笔记，是否有“亮考帮”完整的内容即可。

# 第四章

# “微生物学”课程概述

“微生物学”作为生命科学领域的专业基础课程，是多数高等院校生物专业的必修课，也是现代高新生物技术的理论与技术基础。微生物无论作为研究对象、探寻研究方法，还是开发微生物资源，在发现重大科学问题、发展重大生物技术、解决能源危机、促进学科发展中都具有举足轻重的理论价值和实践意义。微生物学的发展必将推动国民经济的发展。

## 第一节　课程地位与课程性质

生物学是自然科学的重要基础学科。微生物学是生物系各专业的基础课。在教育部高等学校生物科学与工程教学指导委员会制定的生物科学、生物技术、生物工程、生物信息学和生态学 5 个普通高等学校本科专业目录和专业介绍[29]中，综观 5 个专业的核心课程设置，微生物学是生物科学、生物技术、生物工程和生态学 4 个专业的核心课程之一，同时“微生物学实验”也是这 4 个专业的主要专业实验课之一。尽管生态学已经晋升为一级学科，但是微生物学课程仍然是其主干课程之一。因此，微生物学课程是我国高等院校生物类专业或与生物学相关专业必开的一门重要基础课或专业基础课，也是现代高新生物技术的理论与技术基础。

微生物学是研究微生物的科学。根据研究对象的不同，生物学可分为动物学、植物学和微生物学。它们分别研究动物、植物或微生物的形态、分类、生理、生态、分布、发生、遗传、进化及其与人类的关系。所以，仅从研究对象来看，微生物学就在生物学科中占有重要的地位。如果从研究生物种类的类别和数量来看，微生物学研究更是占有绝对的优势。据推测自然界生物种类有 1000 万～5000 万种，而现今记载的仅 200 多万种，尤其是对微生物资源的研究和开发才刚刚开始。

微生物学围绕两个主题展开：一是理解生命的基础科学；二是人类需要的应用科学。

作为一门基础生物科学，微生物学为人类探索生命过程的本质提供了重要的、可行性的研究方法和理论。通过对微生物的研究，人们阐明了生命活动背后的一些精细的物理和化学原理，这在很大程度上是由微生物细胞与多细胞有机体的细胞具有共同的生物化学特性所致。同时由于微生物在培养基中可达到很高的密度，适于生物化学与遗传学研究，因此，微生物已经成为研究包括人类在内的高等有机体细胞功能的模式生物。

作为一门应用科学，微生物学在人类健康、环境保护、工农业生产、食物和能源等人类社会生活的各个方面都发挥着重要的作用。由于微生物技术广泛地应用于工业发酵、生物工程、环境保护和医药卫生等实践领域，所以，它是一门和其他学科交叉性强、应用性广的学科。

简而言之，微生物学研究方法是生物学研究的基础方法；以微生物为主要模式生物的研究所揭示的科学规律大大推动了生物学的发展；工、医、农、牧、渔业的生产实践，人类的衣、食、住、行，人类社会的过去、现在和未来，都离不开生物学的发展，尤其是微生物学的发展。

根据人类认识规律和生物学科发展的历史规律，一般高等院校安排在第二、第三学年开设微生物学课程，这时学生已经具备植物学、动物学、普通化学、生物化学等专业课程基础。

## 第二节　基本内容

微生物是一大群种类各异、以单细胞或群体形式存在、可以独立生活的生物，通常意义上，也包括不具有细胞结构而寄生于各种细胞生物的病毒。针对这些研究对象，微生物学将从群体、细胞和分子水平上揭示微生物的形态构造、生理代谢、遗传变异、生态分布和分类进化等生命活动基本规律，并阐述微生物学范畴的分子生物学和基因工程的有关内容，介绍微生物学的独特研究方法及其在工农业、医药卫生、生物工程和环境保护等领域的应用。研究方向集中在研究活细胞及其生命活动；独立生活的微生物的基础研究和应用价值；微生物的多样性和进化及不同种类微生物产生的方式和原因；微生物在动植物体、生态圈中的作用及对人类社会的影响。

微生物学经历了一个多世纪的发展，已经分化出大量的分支学科，其相应的研究内容也有所侧重。例如，以研究微生物的基本生命活动规律为目的的普通生物学，包括微生物分类学、微生物生理学、微生物遗传学、微生物生态学和分子微生物学；以微生物应用领域为侧重点的应用微生物学，包括工业微生物、农业微生物、医学微生物、药用微生物、食品微生物、诊断微生物和抗生素学；以研究对象为特点的细菌学、真菌学、病毒学、原核生物学、自养菌生物学和厌氧菌生物学；以及一些交叉学科，如化学微生物学、微生物化学分类学、微生物地球化学和微生物信息学等。

## 第三节　课程目标与教学大纲

我国教育部高等学校生物科学与工程教学指导委员会制定的生物科学类的培养目标是：培养具备生物学理论基础、基本知识和基本技能，具有数理化基础、人文社科素养、国际化视野和科学思维能力，受到扎实的专业理论和专业技能训练，并运用所掌握的理论知识和技能，能在生物学及相关领域从事科学研究、技术开发、教学及管理等方面工作的创新型人才[29]。

微生物学作为生物学的专业基础课之一，课程目标紧紧围绕生物学专业的培养目标，定位在：通过本课程学习，使生命科学各专业方向的学生掌握扎实的微生物学基础理论、基本知识和实验技能，培养学生对微生物学乃至生命科学和生物技术的浓厚兴趣和创新创造能力，使学生初步具备利用所学知识和技能，分析、解决理论学习和实践中遇到的与微生物相关的各种问题的能力。

教学大纲体现培养专业人才质量的规格，反映对教学质量的要求，是指导教学和编写教材的重要依据。较早的综合院校“微生物学教学大纲”可以追溯到1980年6月，在武汉举行的高等学校理科生物教材编审委员会扩大会议上，由复旦大学、山东大学、西北大学、武汉大学等高校的代表讨论修改了教育部委托武汉大学草拟的教学大纲，并经编委会审定通过[30]。该大纲主要包括以下几个方面。

## 一、课程目的、要求、地位和作用

微生物学是生物系各专业的基础课。通过本课程的学习，要求学生掌握微生物学的基本知识，包括微生物的形态、结构、类群、鉴定及微生物的生命活动基本规律，特别是新陈代谢及遗传变异等。了解微生物在生物界中的地位，在自然界中的分布与作用，微生物与人类及其他生物间的相互关系，微生物在工、农、医及环境保护等方面的实际应用等，为全面学习生物科学打下基础。微生物学是一门实践性很强的实验学科，要求在教学中充分重视实验课，使学生初步掌握研究微生物的基本方法与实验技术，培养严谨的科学态度与分析问题、解决问题的能力。

## 二、课程内容

课程内容包括课堂教学部分，约 36 个学时，实验教学部分约 42 个学时。较以前的大纲，新制定的大纲在总学时、讲授的顺序、讲授的重点及学时的分配上都做了一些调整和探索。大纲中把微生物学课堂讲授的内容分为八个部分（绪论、微生物类群与形态、营养、代谢、生长、遗传变异与育种、生态、感染与免疫），每部分列出了讲授的重点（有“*”的内容，表示各校可以酌情处理），既保持了微生物学的系统性，又突出了重点，还保持了一定的灵活性。例如，该大纲把微生物的分类知识放在微生物的类型与形态部分。教学重点是各类微生物的个体形态、结构，群体形态特征，繁殖方式，各类微生物的主要代表种群及实际应用，各类微生物之间及与高等生物的主要区别，并着重了解细菌分类的原则和依据。这样处理既把两部分内容有机地结合在一起，有一个系统的概念，又节省了学时。同时强调，在新的《微生物学教学大纲》使用过程中，各校必须从实际条件出发，充分发挥本校的特点，才能真正做到提高教学质量。

为了配合大纲，人民教育出版社陆续出版了符合大纲要求的、质量较好的教材，以及具有不同风格、不同学术观点和改革试验的教材供各校选用。之后，我国各高校都根据专业特点、选定的教材和参考教材制定了自己的教学大纲。

# 第四节 教材与师资情况

课程教学离不开教材这一重要载体，教材也是提高教学质量的重要保证。微生物学教材的建设和发展历来受到国内外微生物学工作者的重视。据不完全统计，自 20 世纪 50 年代以来，用于微生物教学的英文教材有 1000 余本。自 2000 年以来，国内中文教材也有 50 余本[31]，除了综合性大学编著的版本外，还有适用于农学、医学、药学、环境及师范类院校的各种版本，大都有自己的体系、特色和侧重点。其中影响较大的有复旦大学周德庆教授编写的《微生物学教程》[32]，武汉大学沈萍、陈向东教授等主编的《微生物学》[33]，北京师范大学黄秀梨教授主编的《微生物学》[34]等。国外教材有 *Brock Biology of Microorganism*[35]和 *Prescott's Microbiology*[36]。下面逐一介绍这几种教材。

## 一、国内教材

### 1. 《微生物学教程》

复旦大学周德庆教授的《微生物学教程》在全国高等院校中使用率居微生物学教材前列。该教材以内容简明、清晰，基础性与前沿性并重，可读性强而深受读者的喜爱。周教授在复旦大学从事微生物学教学 40 余年，曾担任教育部微生物学教学指导组组长，是我国微生物学教育领域的著名学者。

自《微生物学教程》于1991年出版第一版以来，就受到综合类院校、师范院校、农业院校等高校的广泛采用；2001年的第二版教材累计印数近40万册；2011年的第三版《微生物学教程》被列为“普通高等教育十一五国家规划教材”，并获得上海市优秀教材一等奖[32]。

在保持第二版体系的基础上，第三版对内容进行了较为全面的更新。例如，原核生物、真核微生物和病毒的分类，亚病毒因子，免疫细胞的应答机理，细胞因子，细菌鞭毛的结构，螺旋体的周质鞭毛及生物质能源等，以确保教材能与时俱进，紧跟本学科快速发展的步伐。该教材作为一本基础性教材，不仅从细胞、分子或群体水平上做到讲清概念、理顺脉络、阐明规律、突出“三点”（重点、难点和“生长点”）、联系实际，清晰地阐明了微生物的五大生物学规律（即形态构造、生理代谢、遗传变异、生态分布和分类进化），还体现了周教授多年来作为国家教学名师的教学思想和教学方法。

该教材的第一大特色是主要内容均以自行设计或精选的简明、直观和形象化的图示、表格或表解等形式来表达，借以提高信息密度和改善信息质量，进而达到有利于学生加深理解、增强记忆和乐于自学等目的。该教材的第二大特色是前言和后记，通俗而富有感染力地阐明了微生物学在生物学和人类生活中的重要意义和潜在的应用，大大激发了青年学子为生物学和微生物学而奋斗的情怀。复旦大学微生物学历来以周德庆教授编写的《微生物学教程》为主要教材，《Brock 微生物生物学》和沈萍教授、陈向东教授等主编的

《微生物学》为主要参考教材。

2.《微生物学》

由高等教育出版社出版，武汉大学沈萍教授、陈向东教授等主编的《微生物学（第 8 版）》（2016 年）是“十二五”普通高等教育本科国家级规划教材，由武汉大学、北京大学、复旦大学、南开大学和山东大学的多位微生物学专家共同完成。全书共分 15 章，内容包括微生物的纯培养和显微技术，微生物细胞的结构和功能，微生物的营养、代谢、生长繁殖及其控制，病毒的分离、鉴定、特性、感染及其控制，微生物的基因组、遗传规律与特性，微生物的基因表达、调控及基因工程，微生物的生态、进化、系统发育、分类鉴定及物种的多样性，微生物的感染与免疫以及微生物生物技术与产品等。《微生物学（第 8 版）》是 2009 年出版的《微生物学》（彩版）的全面校正、修订和更新。

该书配套数字课程（http://abook.hep.com.cn/44495）包括各章要点提示、Chapter Outline、复习题、思考题、现实案例简要答案、网上学习阅读材料，以及索引等丰富的教学资源。要点提示和 Chapter Outline 分别以中、英文形式对本章内容进行概要性介绍，帮助师生厘清知识脉络和学习要点；网上学习是各章精选的具有启迪、兴趣、探索的短文，是对经典内容的拓展和补充；建议学生在学习各章内容后，对复习题、思考题和和现实案例中提出的问题进行思考，现实案例简要答案给出了关键的提示。

该书适合理、工、农、林、医各类高等院校和师范院校生命科学领域本科生、研究生学习使用，也可供其他生物科技人员参考。

## 二、国外教材

### 1.《Brock 微生物生物学》

*Brock Biology of Microorganism*（《Brock 微生物生物学》），是美国优秀的微生物学教材，已被斯坦福大学、美国西北大学、芝加哥大学、路易斯安那州立大学等几百所世界著名大学作为本科生教材使用。该书自 1970 年出版第 1 版到 2015 年出版第 14 版，已有 45 年的历史，平均每 3 年多推出一个新的版本。它以新颖、先进、严谨的内容，丰富精美的图片，启发式的知识结构和巧妙的构思，赢得了广大师生的青睐。

该书的内容博大精深，从微生物学基础，基因组、遗传和病毒学，微生物多样性，微生物生态和环境微生物，致病性和免疫学，感染性疾病及其传播等六部分入手，详尽地介绍了微生物的结构、营养、代谢、遗传、生长和调控，主要的微生物疾病，微生物多样性，微生物生态，微生物进化等内容。该书具有全面性、系统性和广泛性的特点，知识丰富、阐述清晰、简明易懂、条理性强、可读性强。该书可作为综合性大学、医学院校、农林院校、轻工业院校等生命科学、医学、药学等专业师生及相关研究人员的微生物学教材或参考书。

该书先后由美国威斯康星大学的 Thomas D. Brock 教授、南伊利诺伊大学卡本代尔分校的 Michael T. Madigan 教授、John M. Martinko 教授和 Jack Parker 教授编著。1980 年，四川大学、南开大学、复旦大学、武汉大学、山东大学和云南大学 6 所院校联合翻译出版了该书的第 2 版中译本（人民教育出版社出版）；2001 年和 2006

年南开大学分别翻译了第 8 版和第 11 版（科学出版社出版），作为我国高校微生物学教学参考书，颇受读者欢迎[37]。

2. 《Prescott 的微生物学》

由 J. M. Willey、L. M. Sherwood 和 C. J. Woolverton 编写，McGraw-Hill Education 出版的 *Prescott's Microbiology*（《Prescott 的微生物学》）是国际上使用较为广泛的微生物学教科书，该书影响很大，较具权威。

该书自 1990 年出版第 1 版至今已有 27 年，历经了两代作者更替，迄今已出版了 10 版。其内容和版本每 3 年更新一次，力求及时反映学科前沿水平的新知识、新技术。而且内容丰富、精深广博；版式编排设计主要以读者（学生）需求为本；编排合理、结构灵活；图片精美、设计感强；配套教学资源系统完善。

高等教育出版社 2003 年引进其版权，出版了该书第 5 版的中译本，由武汉大学沈萍、彭珍荣教授主持翻译。此后，国内有多所高校采用该书作为双语教学的教材或参考书，还以中文版为教学辅导书。武汉大学生命科学学院 2005 年设立生物学国际班；次年，即对国际班本科生开始了微生物学课程的全英文教学，当时使用的是第 5 版（2002 年）的影印本。其后，随着该书版本的不断更替，开始使用该书的第 6～9 版原版为教科书进行教学。在武汉大学的教育部外国教材中心收藏有该书的 1～9 版[38]。

## 三、师资来源及现状

“百年大计，教育为本，教育大计，教师为本。有好的老师，才能有好的教育。”高校要培养高素质的人才，离不开一流的教师、一流的教学、一流的教研这三要素。当前，高校师资队伍建设存在生师比例过高、缺乏大师、教师来源单一且结构不尽合理、对教学的投入不足与认识偏差等主要问题。这是学校教学改革的重点，更是改革的难点。学校对师资问题的战略规划、师资培养机制的建立及有效的贯彻执行等，成为教学改革的首要问题。

高校师资来源渠道较多，既有科班出身的师范院校毕业生，又有以学术见长的研究型学者。近年来，随着研究型大学建设目标的出现，研究型学者的比例有所上升，而且多半是没有经过师范院校的训练。和其他学科教师来源类似，微生物学教师亦如此。教师怎样才能高效地教，怎样才能帮助学生高效地学？非科班出身的教师如何成长为合格教师？这是高等院校近年来成立教师教学发展培训中心、大力推进教师培训的主要原因，也是教师提高教学技能、促进自身终身职业发展的重要课题。

## 第五节　学情分析与考核标准

当代大学生具有较强的学习能力、知识面广、基础扎实。但是进入大学后有部分学生会出现情绪懈怠、求知欲下降、目标不明确、自觉学习性不高、自制力不够等问题，表现有逃课、不听课、课后不复习、考前熬夜、考试期间身体不适等现象。复旦大学本科生面向全国招生，应该说是高中生的优中之优，但是也有一部分学生出现上述问题，轻者影响学业成绩，重者影响个人前途，给个人、家庭和学校造成不同程度的消极影响。所以，教师在教学过程中如何及时发现问题，并及时与学生沟通，帮助学生顺利度过情绪不稳定期，也是对教师的一大挑战。

现在一些高等院校倾向于小班化上课（30 人左右），但也有院校仍然采用大班制，多达百余人。对于人数较多的课堂，教师很难关注到每位学生，学生注意力不集中或者睡觉现象严重，这将在一定程度上降低课堂的学习效率。即便是小班化课堂，课堂上仍有学生专注于手机、电脑上的游戏或信息刷屏。为此，教师如何有效组织教学，完成教学目标、培养目标乃至教育目标是教学改革的重中之重。选择合适的教学模式将有助于改变这一现状，达成教学目的。

考核标准是以课程培养目标为基础建立的。对于微生物学课程而言，希望通过本课程的学习，使学生掌握扎实的微生物学基础理论、基本知识和实验技能，培养学生对微生物学乃至生命科学和生物技术的浓厚兴趣和创新创造能力，使学生初步具备分析和解决理论与实践中与微生物相关的问题的能力。因此，一般考核分为理论考核和实验考核。理论考核既包括基础知识的掌握，又包括对知识和理论的运用，通常分为平时成绩（阶段性测验或个人专题报告）和期末成绩（知识性考核和理论问题分析）。实验考核主要是实验技能训练和具体应用（如待检样品中微生物的种类鉴定）。

以复旦大学生命科学学院为例，每年平均招收本科生 120 人左右，现在分 3 个平行班，每班约 40 人。学生自由选课。平行班上课由一位教师全程负责，保障课程进度和讲授内容的连续性，也便于教师与学生交流沟通。

平行班的教学内容基本统一。三位主讲教师统一备课，每位教师负责制作自己最熟悉领域的课件，课件共享。比如，一位教师负责生态、分类、生长控制的课程；一位教师负责病毒、遗传、代谢的课程；一位教师负责原核、真核、免疫的课程。

各平行班的考核要求统一。考核分为平时成绩和期末成绩，平时成绩占35%（2次测验各占10%、报告占10%，出勤及平时表现占5%），期末占65%。期末试卷统一，A等第占各班级的30%。对分课堂平时成绩占50%，期末占50%，具体见第五章。

# 第五章

# “微生物学”课程对分课堂的实践案例

本章以“微生物学”课程为例，具体介绍对分课堂的实际操作及教学实践过程中，学生在学习兴趣、学习态度、学习效果等方面发生的变化和教师的教学体会。

## 第一节　教 学 准 备

### 一、教学大纲

教学大纲是学生选课的依据，所以务必在学生选课阶段上传以供参考。教学大纲中除了课程基本信息、教学目标以外，重点介绍对分课堂的教学模式，包括课堂安排、作业要求、讨论目的、分组和考核方式等。为了让学生对新的教学模式有充分的了解，教师还要在第一节课解释对分课堂模式的关键点及实践的目的。本课程大纲如表 5-1 所示。

**表 5-1　复旦大学“微生物学”课程教学大纲**

| | |
|---|---|
| 课程代码：BIOL130010.01 | 编写时间：2015 年 9 月 |
| 课程名称：微生物学 | 英文名称：Microbiology |
| 学分数：3 | 周学时：3 |
| 任课教师：刘明秋，liumq@fudan.edu.cn | 开课院系：生命科学学院 |
| 预修课程：生物化学 | 课程性质：专业必修课程 |

1. 教学目标

微生物在人类健康、环境保护、工农业生产、食物和能源等人类社会生活的各个方面都发挥着重要的作用。微生物学是生命科学和现代生物技术的重要基础学科，微生物学实验技术也已经成为现代生命科学实验的最重要的基础学科之一。

本课程的目标是使生命科学各专业研究方向的学生掌握扎实的微生物学基础理论、基本知识和实验技能，培养学生对微生物学乃至生命科学和生物技术的浓厚兴趣和创新创造能力，使学生初步具备利用所学知识和技能，分析和解决理论学习和实践中遇到的与微生物相关的各种问题的能力。

2. 教学模式

教学采用对分课堂教学模式。教师课堂讲授章节重点内容，学生课后阅读教材，写出读书笔记（即作业）。根据书后重要概念和问题进行复习，准备课堂交流要点。下次课的前部分时间（根据情况设定 15～40 分钟）交流讨论，后部分时间教师讲授下一章节的内容。读书笔记（作业）上交后教师评分。

### 3. 作业

通过网络平台递交作业（如电子版或照片等）。作业目的是督促学生及时复习，保证理解基本内容，能够进行深入、有意义的交流讨论。

作业即写出读书笔记，希望把读书笔记看作在学习、理解章节内容过程中的助记和概要。鼓励学生在理解的基础上进一步写出自己的分析、思考和体会。同时作业中展示出精彩片段（1 个“亮闪闪”），并准备问题（3 个“帮帮我”，3 个“考考你”）。“亮闪闪”请列出学习过程中自己感受最深、受益最大、最欣赏的内容等，至少 1 条，多则不限。“帮帮我”列出自己不懂的问题，讨论时求助别人，至少 3 个，多则不限；“考考你”列出自己弄懂了，但是觉得别人可能存在困惑的地方，挑战别人，至少 3 个，多则不限。

读书笔记的形式可以多样化、不拘一格，如用思维导图形式、表格形式等，也可以把它作为未来考试复习时的内容提要。

作业评分：3 分合格，4 分良好，5 分优秀。迟交无分。

### 4. 讨论

回顾重要概念，表述个人理解，互相切磋，互相挑战，互相启发，深入理解，共同克服难点，分享体验，开阔视野，展示个性，锻炼合作。

### 5. 分组方式

通过抽签分配小组的组合。组员各自复习掌握基本内容，课堂讨论深化理解、克服难点，并分享有价值的学习体验。

6. 考核方式

作业 50 分（11 次，每次 5 分，扣掉最低分，计 10 次），期末考试 50 分（闭卷），总计 100 分。

7. 签到请假

允许无原因缺席一次，但需要完成作业，并请别人按时代交。事前请假需有充分理由，事后请假无效。请假获准者，作业应尽量按时提交。其他情况缺席，作业无分。

8. 教学进度的安排

教学进度的安排如表 5-2 所示。

**表 5-2　教学进度安排表**

| 章名 | 学时 |
|---|---|
| 绪论 | 3.0 |
| 第一章　原核微生物的形态、构造和功能 | 6.0 |
| 第二章　真核微生物的形态、构造和功能 | 3.0 |
| 第三章　病毒和亚病毒因子 | 5.0 |
| 第四章　微生物的营养和培养基 | 3.0 |
| 第五章　微生物的新陈代谢 | 5.0 |
| 第六章　微生物的生长及其控制 | 4.5 |
| 第七章　微生物的遗传变异和基因工程 | 7.0 |
| 第八章　微生物的生态 | 7.0 |
| 第九章　传染与免疫 | 6.0 |
| 第十章　微生物的分类和鉴定 | 3.5 |
| 结束语 | 1.0 |

### 9. 课程相关信息

课件上传网站：E-Learning 和课程网站。

课程网站：http://jpkc.fudan.edu.cn/s/367/t/887/main.htm。

考试时间：2016 年 1 月 6 日 13:00—15:00。

### 10. 教材及教学参考书

（1）教材

周德庆. 微生物学教程. 第 3 版. 高等教育出版社，2011.

（2）教学参考书

1）沈萍，陈向东. 微生物学. 第 2 版. 高等教育出版社，2006.

2）Madigan M T, Martinko J M, Stahl D A, et al. Brock's Biology of Microorganism. Pearson Education Inc.，2012.

3）马迪根，马丁克. Brock 微生物生物学. 第 11 版. 李明春，杨文博主译. 科学出版社，2009.

（3）习题参考书

1）周德庆，徐士菊. 微生物学：精要，题解，测试. 化学工业出版社，2007.

2）肖敏，沈萍. 微生物学学习指导与习题解析. 高等教育出版社，2011.

## 二、教学内容

如前所述，对分课堂需要给学生留有一定的讨论时间，所以教师授课内容需要精简，突出重点、难点，课前明确每一章节的主要内容，并按照对分课堂的程序进行设计（表 5-3）。在教学过程中，教师可以根据大纲要求和讨论氛围，灵活控制讨论及授课时间，不必拘泥于以下的时间分配。

**表 5-3　微生物学的教学内容及课程安排**

| 课堂<br>进度 | 讨论内容<br>（30～45 分钟） | 讲授内容<br>（2 课时） | 讲授重点、难点 |
| --- | --- | --- | --- |
| 第一周 | — | 绪论 | 微生物学史及其应用前景 |
| 第二周 | 绪论 | 第一章　原核微生物的形态、构造和功能（1） | 细菌细胞壁的结构与组成成分 |
| 第三周 | 第一章　原核微生物的形态、构造和功能（1） | 第一章　原核微生物的形态、构造和功能（2） | 细菌特殊结构（如芽孢）和功能；细菌的繁殖 |
| 第四周 | 第一章　原核微生物的形态、构造和功能（2） | 第二章　真核微生物的形态、构造和功能 | 酵母为代表的真核微生物的特点；几种常见真菌的特征及其用途 |
| 第五周 | 第二章　真核微生物的形态、构造和功能 | 第三章　病毒和亚病毒因子（1） | 病毒的增殖过程及各个时期的特点；烈性噬菌体与一步生长曲线 |
| 第六周 | 第三章　病毒和亚病毒因子（1） | 第三章　病毒和亚病毒因子（2）<br>第四章　微生物的营养和培养基 | 温和噬菌体与溶源性、溶源性细菌的特点和性质；微生物的营养类型的特点和代表微生物 |
| 第七周 | 第三章　病毒和亚病毒因子（2）<br>第四章　微生物的营养和培养基 | 第五章　微生物的新陈代谢（1） | 能异养微生物的生物氧化与产能 |
| 第八周 | 第五章　微生物的新陈代谢（1） | 第五章　微生物的新陈代谢（2）<br>第六章　微生物的生长及其控制（1） | 光能微生物的能量代谢，化能自养微生物的生物氧化与产能；微生物生长方式；微生物的群体生长的规律 |

续表

| 课堂 / 进度 | 讨论内容（30～45 分钟） | 讲授内容（2 课时） | 讲授重点、难点 |
|---|---|---|---|
| 第九周 | 第五章　微生物的新陈代谢（2）<br>第六章　微生物的生长及其控制（1） | 第六章　微生物的生长及其控制（2） | 影响微生物生长的因素及控制微生物生长；微生物的抗药性 |
| 第十周 | 第六章　微生物的生长及其控制（2） | 第七章　微生物的遗传变异和育种（1） | 细菌基因重组的主要方式，转化、转导、接合的机制和过程 |
| 第十一周 | 第七章　微生物的遗传变异和育种（1） | 第七章　微生物的遗传变异和育种（2） | 自发突变和诱发突变的发生 |
| 第十二周 | 第七章　微生物的遗传变异和育种（2） | 第八章　微生物的生态（1） | 微生物在自然界碳循环和氮循环中的作用 |
| 第十三周 | 第八章　微生物的生态（1） | 第八章　微生物的生态（2） | 微生物在环境保护中的作用：污水处理的工艺原理 |
| 第十四周 | 第八章　微生物的生态（2） | 第九章　传染与免疫（1） | 非特异性免疫分子补体、干扰素的概念和它们的特征及其生物学作用；非特异性免疫细胞的主要类型及作用 |
| 第十五周 | 第九章 传染与免疫（1） | 第九章 传染与免疫（2） | 免疫应答的 3 个阶段、抗体的概念与抗体的种类和结构；介绍免疫应答的病理反应、天然免疫与获得性免疫 |
| 第十六周 | 第九章　传染与免疫（2） | 第十章　微生物的分类和鉴定 | 微生物分类、鉴定方法 |
| 第十七周 | 微信平台反馈 | 考试周停课 | 微信平台问题答疑 |
| 第十八周 | 考试 | 考试 | — |

# 第二节　教学实施

## 一、第一堂课

第一堂课分为四个阶段。

1. 教师自我介绍

主要介绍教学和（或）科研情况，约 5 分钟。

2. 介绍课程情况

主要是教学大纲的内容，重点介绍对分课堂的教学模式改变，目的、意义、具体操作程序，作业要求，对分课堂的应用效果等。关于对分课堂的理论基础可以参考张学新教授的《对分课堂：中国教育的新智慧》和其发表的文章[27]，用时约 20 分钟。

3. 答疑阶段

教师可以给学生 2 分钟的自由交流时间和 3 分钟的提问时间，针对对分课堂的介绍答疑。

4. 授课阶段

讲授绪论内容。注意突出微生物学发展史的脉络感，并突出其对整个生命科学发展的贡献，帮助学生在现有知识的基础上重构生命科学发展史的框架。

## 二、学生提交作业，教师批改

要求学生通过网络平台，如 E-Learning 提交作业，学生必须在规定的时间内提交作业。一般在课程结束后的第四天或第五天，也可以选择周末的某一天时间点，以保证学生有足够的时间阅读教材或查阅相关资料，还要保障教师在下节课上课前有一定的时间批改作业，一方面发现一些共性问题，准备课堂解答；另一方面也可以有足够的时间给学生及时反馈作业情况。第一次会有学生不完全掌握作业要求，所以在反馈的同时告知具体的要求。以下是笔者对学生作业反馈的实例。

【反馈 1】

×××同学：

你好!

你第一次的作业单从课后笔记来说是非常仔细、丰满的，看出来你是非常认真设计完成的，尤其是还提出用五色来归纳微生物在实践中的作用。

但是缺少了一部分内容，即在知识内化的同时，没有总结出“亮闪闪”“帮帮我”“考考你”，其目的是为课堂小组讨论做准备，这也是读书笔记的真正作用。小组讨论才是对分课堂的核心。因为同伴的交流可以更深化对本课程知识的理解，也激发了对本课程以外知识的综合运用，是思维锻炼、激发新思路的过程，最终达到知识的迁移，学以致用，避免死记硬背，考完忘光的无效学习。

你可以再仔细看看教学大纲上面关于作业这一部分，相信你会更清楚。期待你的作业！

【反馈 2】

讨论就是培养学生质疑的能力，具有质疑能力才有创新。

【反馈 3】

×××同学：

你好！

收到作业。谢谢！不过在作业格式上需要注意一些问题。你一定也看过了同组同学的作业，要满足基本要求，即在完成读书笔记的基础上，明确提出三方面的内容，一是“亮闪闪”，至少 1 点；二是“考考你”，至少 3 点，建议给出简要提示，方便自己复习用；三是“帮帮我”，至少 3 个问题。因为你第一节课没有来，所以可能后来没有特别关注这些要求，具体内容在教学大纲中，我已经传到 E-Learning 的资源中，你可以再去看看。

平时成绩取最好的 10 次计分（可以提交 11 次），每次最高 5 分，总分 50 分。当然分数不是目的，重要的是希望你能在这样的学习氛围中收获更多的东西。

下面展示几位学生的作业（图 5-1～图 5-7）。从这几位学生的作业可以看出，学生做作业非常认真，形式多样，而且明显看出是在阅读教材和相关资料后再创造的“产品”，这就是学习中的内化吸收阶段。

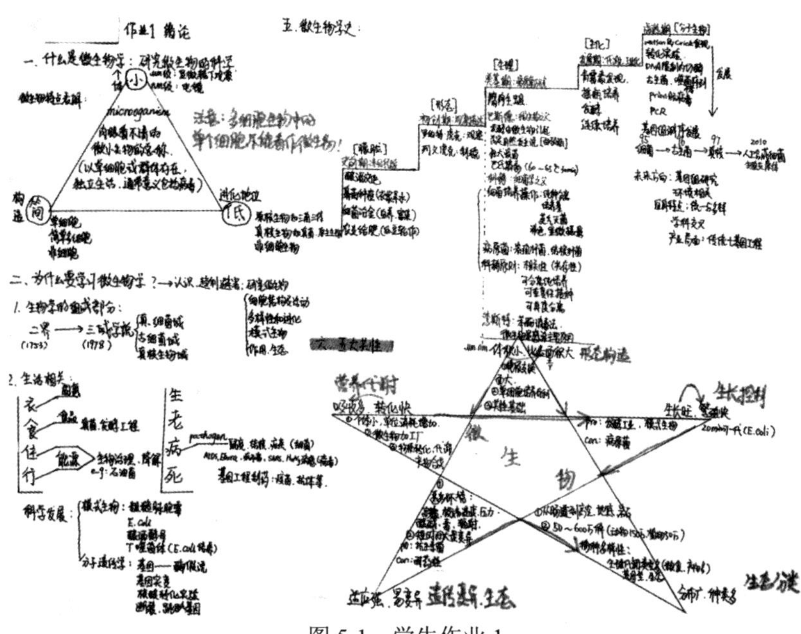


图 5-1 学生作业 1

亮闪闪:

我们应该如何认识微生物:“Perlman 氏应用微生物学定律”讲得很好:“微生物总没有错,它是你的朋友和微妙的伙伴,愚蠢的微生物是没有的,微生物善于和乐于做任何事情,微生物比化学家、工程师和其他人更机灵、聪明和精力充沛,如果你会照顾这些小朋友,它们也会照顾你的未来。”

在传统观念中,微生物被视为简单的、低等的,甚至有害的,但微生物和地球上很多其他生物一样,一切都是为了生存与繁殖,我们应带着敬畏与好奇走进微生物的生命。

考考你:

1. 科赫原则的具体内容、应用意义及其局限性?

2. 常见的模式微生物以及它们作为模式生物的优点及局限性?

3. 两种最常见的牛奶灭菌方法及其原理?

4. 如何预防及治疗足癣?

帮帮我:

1. 微生物的物种是如何定义的?很显然不同于动物中“可交配、能产生可育后代”的定义,而且微生物极易变异,例如一种致病菌在传播过程中产生了耐药性,是否还和之前的致病菌属于同一物种?

2. 为什么细菌的感受态可以在-80℃保存相当长时间,复苏后仍有繁殖活性?

3. 什么叫做作“每种生物都有其对应的病毒”?病毒的种类超过了其他所有生物的种类?

图 5-2 学生作业 2

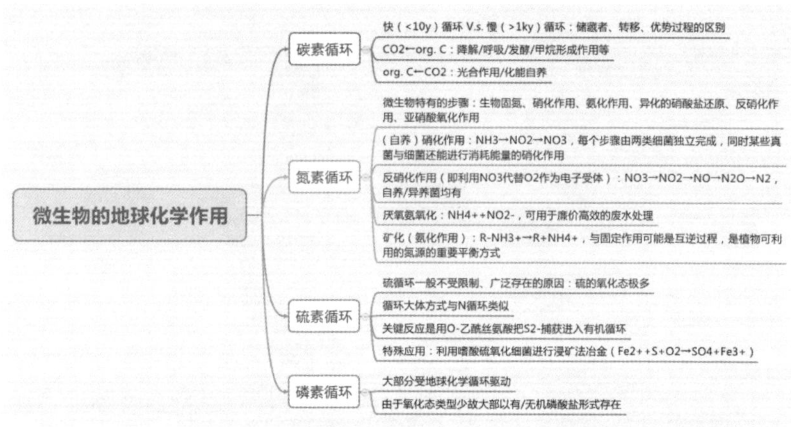


图 5-3　学生作业 3

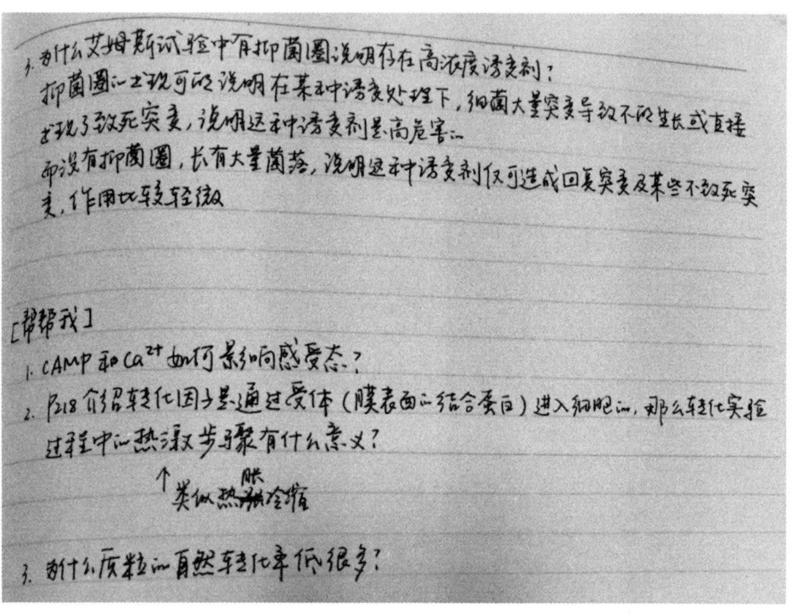

7. 为什么艾姆斯试验中有抑菌圈说明存在高浓度诱变剂？
抑菌圈的出现可能说明在某种诱变处理下，细菌大量突变导致不能生长或直接出现了致死突变，说明这种诱变剂是高危害的
而没有抑菌圈，长有大量菌落，说明这种诱变剂仅可造成回复突变及某些不致死突变，作用比较轻微

[帮帮我]
1. cAMP和$Ca^{2+}$如何影响感受态？
2. P218介绍转化因子是通过受体（膜表面的结合蛋白）进入细胞的，那么转化实验过程中的热激步骤有什么意义？
↑类似热胀冷缩
3. 为什么质粒的自然转化率低很多？

图 5-4　学生作业 4

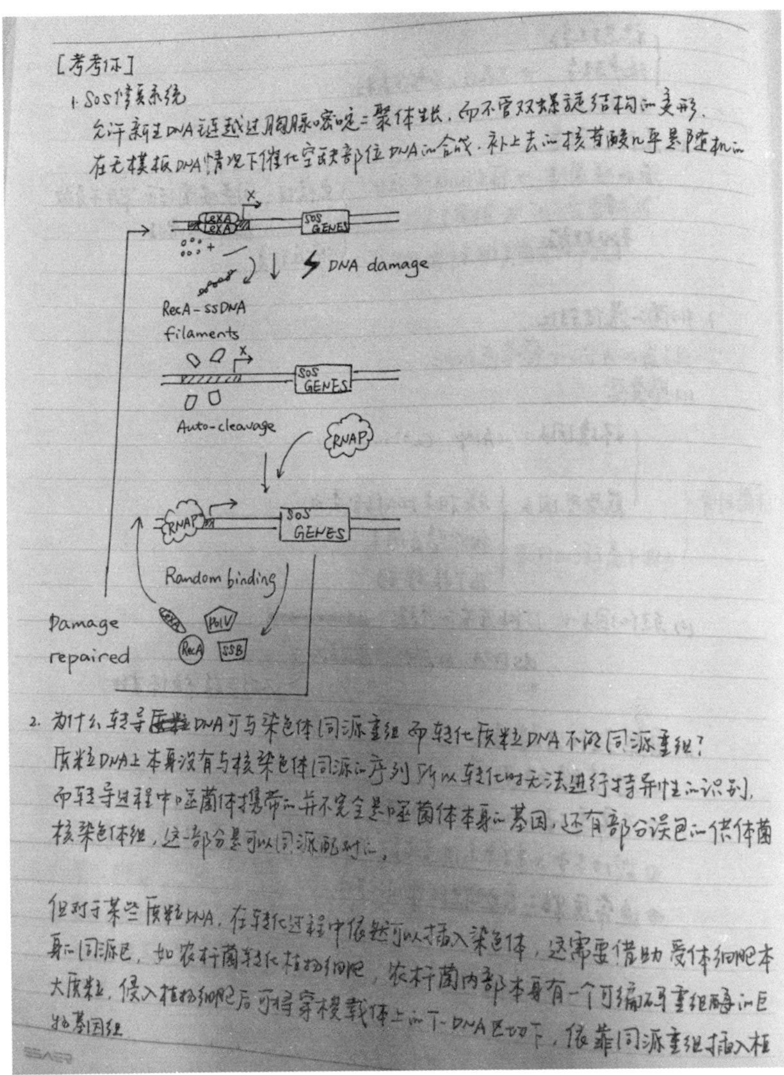
[考考你]

1. SOS修复系统

允许新生DNA链越过胸腺嘧啶二聚体生长，而不管双螺旋结构的变形。在无模板DNA情况下催化空缺部位DNA的合成，补上去的核苷酸几乎是随机的



2. 为什么转导~~质粒~~DNA可与染色体同源重组而转化质粒DNA不能同源重组？

质粒DNA上本身没有与核染色体同源的序列，所以转化时无法进行特异性的识别，而转导过程中噬菌体携带的并不完全是噬菌体本身的基因，还有部分误包的供体菌核染色体组，这一部分是可以同源配对的。

但对于某些质粒DNA，在转化过程中依然可以插入染色体，还需要借助受体细胞本身的同源区，如农杆菌转化植物细胞，农杆菌内部本身有一个可编码重组酶的巨大质粒，侵入植物细胞后可将穿梭载体上的T-DNA区切下，依靠同源重组插入植物基因组

图 5-5　学生作业 5

高问问：

1、基因突变是微生物最基本的变异方式，种类很多，其中营养缺陷型和抗性突变型等选择性突变株在遗传学等基础理论研究和选种育种中有着很广泛的应用。

2、选择性突变株和非选择性突变株的区别在于能否被选择培养基上区分。

3、基因重组是指不同物种或同种不同菌株间的遗传物质在分子水平上的交换或组合（杂交）它可产生比基因突变层次更高的变异。

4、转化：游离DNA分子被感受态细胞摄取并得到表达

转导：由噬菌体介导的细菌细胞间进行遗传交换的一种方式

转染：噬菌体DNA被感受态细胞摄取并产生有活性病毒颗粒（或DNA转入动物细胞）

性导：细菌细胞在接合时，携带的外源DNA整合到细菌染色体上的过程（通常利用F'因子来形成部分二倍体。

接合：供体菌通过性菌毛与受体菌直接接触把F质粒或其携带的不同长度核基因组片段传递给后者使后者获得新的遗传性状。

5、基因工程是依据分子生物学原理发展起来的定向培育种手段，在遗传学研究、疾病研究等方面都有很大前景

考考你：

1、什么是部分二倍体？

既带有自身完整的基因组又有外源DNA片段的细胞或病毒，称为部分二倍体。

在原核生物中，通过转化、转导或接合等过程获得外源染色体片段时，也能形成一种不稳定的局部二倍体的细胞

2、为什么自然转化和人工转化下质粒的转化效率相差很多？

自然转化：感受态的建立受基因控制，是细菌自身生理性状

人工转化：用外在干预的方法使细菌细胞建立人工感受态，处于可吸收外源DNA的状态，与细菌自身基因控制无关

图 5-6　学生作业 6

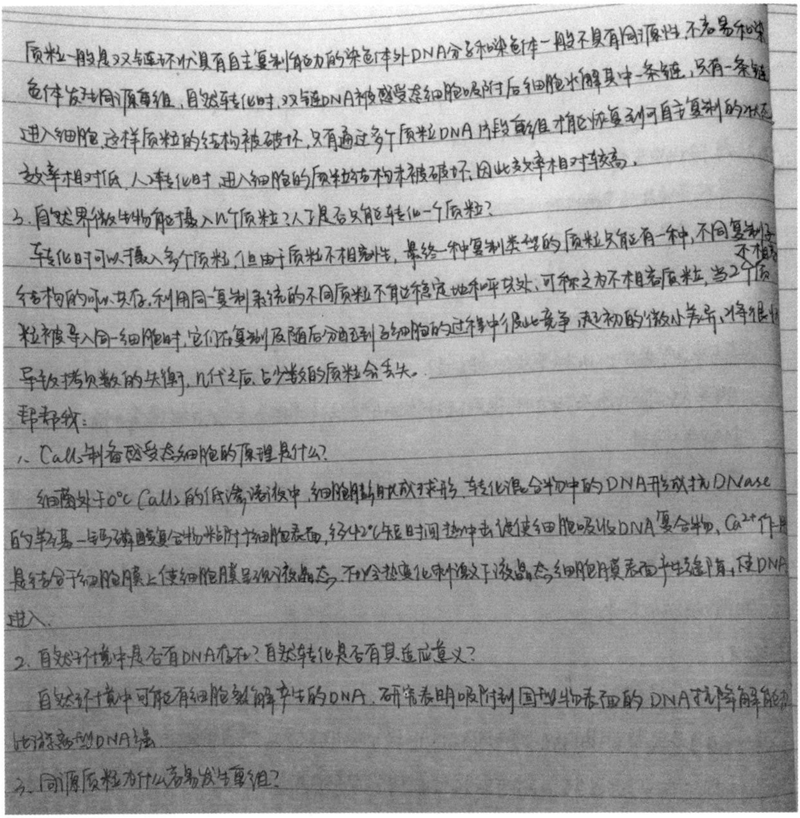

质粒一般是双链环状具有自主复制能力的染色体外DNA分子和染色体一般不具有同源性，不容易和染色体发生同源重组。自然转化时，双链DNA被感受态细胞吸附后细胞水解其中一条链，只有一条链进入细胞，这样质粒的结构被破坏，只有通过多个质粒DNA片段重组才能恢复到可自主复制的状态，效率相对低。人工转化时，进入细胞的质粒结构未被破坏，因此效率相对较高。

3. 自然界微生物能摄入几个质粒？人工是否只能转化一个质粒？

转化时可以摄入多个质粒，但由于质粒不相容性，最终一种复制类型的质粒只能有一种，不同复制子不相容结构的可以共存。利用同一复制系统的不同质粒不能稳定地和平共处，可称之为不相容质粒，当2个质粒被导入同一细胞时，它们在复制及随后分配到子细胞的过程中彼此竞争，起初的微小差异，将很快导致拷贝数的失衡，n代之后，占少数的质粒会丢失。

帮帮我：

1. $CaCl_2$制备感受态细胞的原理是什么？

细菌处于0°C $CaCl_2$的低渗溶液中，细胞膨胀成球形，转化混合物中的DNA形成抗DNase的羟基-钙磷酸复合物粘附于细胞表面，经42°C短时间热冲击，促使细胞吸收DNA复合物。$Ca^{2+}$作用是结合于细胞膜上使细胞膜呈现液晶态，不饱和热变化刺激下液晶态细胞膜表面产生缝隙，使DNA进入。

2. 自然环境中是否有DNA存在？自然转化是否有其适应意义？

自然环境中可能有细胞裂解产生的DNA，研究表明吸附到固型物表面的DNA抗降解能力比游离型DNA强。

3. 同源质粒为什么容易发生重组？

图 5-7　学生作业 7

## 三、第二堂课

第二堂课是标准的对分课堂。首先给学生小组讨论 20 分钟，然后全班交流 10 分钟。学生开始有点儿放不开，讨论声音较小，经过教师鼓励后，慢慢地，气氛热烈起来，20 分钟过去了，讨论依旧，学生们还停不下来。

小组讨论后，进入全班交流阶段。教师随机指定小组代表发言，总结本组内讨论的结果，可以采取“亮考帮”的形式，包括已经解决的问题、未解决的问题和挑战其他组的问题，也可以只有未解决的问题。教师鼓励其他组学生参与对别组提出问题的解答或质疑。根据问题的多少，在时间允许的范围内，教师可以请 2～3 组学生代表发言。整体看来，学生讨论比较积极投入。

这一阶段教师需要掌握好时间，对于有争议的问题放到课后讨论。其余组的问题也在课后解决，或以邮件和微信形式交流。

借助微信平台增加了师生互动和生生互动，课堂讨论延伸到课外，提高了讨论效率。图 5-8、图 5-9 是微信群的交流和小组问题的答疑摘录。

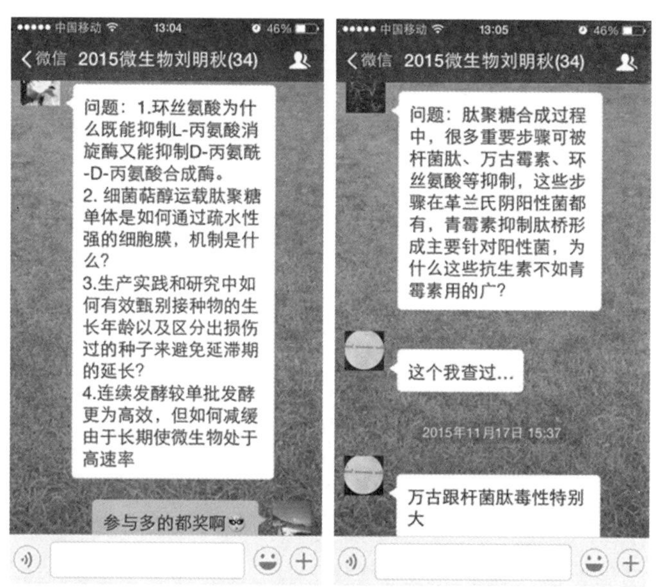


图 5-8　微信群的交流和小组问题的答疑摘录 1

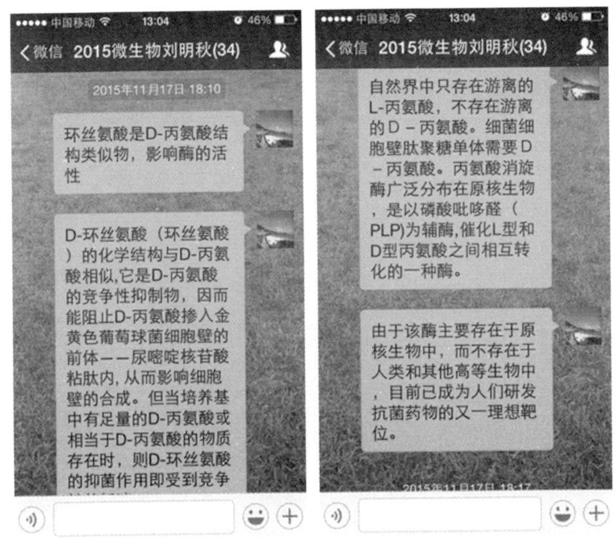


图 5-9 微信群的交流和小组问题的答疑摘录 2

## 四、学生认可度调查

按照对分课堂完成三周教学任务（两次完整的对分课堂）后，为了了解学生对这种教学模式的体验，笔者让学生以无记名方式对以后的课堂教学模式表决：是继续采用对分课堂，还是改回传统教学模式？结果，近 80%的学生选择继续采用对分课堂模式。这说明大部分学生从两次完整的对分课堂体验中认可了该教学模式。

# 第三节 教 学 观 察

教学实践过程中，笔者仔细观察学生在小组讨论、全班交流和完成作业等过程中的表现，发现了学生积极、努力、向学的诸多良好表现，特列举以下几点供读者参考。

## 一、讨论积极，课堂主动参与意识增强

第一堂课（绪论）完成后，学生即按照对分课堂要求完成作业，通过网络递交作业，并带着作业到课堂上进行讨论。课堂上学生随机分成 4 人一组，组内成员自己指定组长、秘书、发言人。在讨论中，学生们不但积极参与小组讨论，而且在全班交流环节也针对一些问题积极发言。例如，其中一个小组提出微生物的定义是否科学的问题，如蘑菇是不是微生物？另一组的学生主动应答：微生物的特点是小、简、低，而蘑菇第一不小，第二结构复杂，第三也不低等，所以不是微生物。第三组学生则反驳道：蘑菇是微生物，因为它的单细胞个体具有微生物的基本特征，日常所见的蘑菇与其他真菌一样也属于微生物（具体解释请见周德庆编著的《微生物学教程（第 3 版）》第 63 页）。

笔者没有预料到第一堂课大家就很踊跃提问、参与回答，而且有的学生已经预习到后面的内容，即针对这个问题已经在从教材和网络资源中自寻答案，体现了学生的主动学习状态。

## 二、敢于质疑，探求欲望升高

学生们在讨论过程中思维活跃，敢于质疑。例如，有学生对“巴斯德通过曲颈瓶实验彻底否定了‘自然发生说’而提出‘胚种学说’”

提出质疑，他认为，实验中仅仅是煮沸处理，而且放置许久也没有腐变，但是如果是有芽孢的菌体，芽孢在这个温度下不能被杀死，久置之后还会腐变，这是巴斯德幸运，还是有其他原因？

关于病毒复制的“一步生长曲线”问题也是学生们争论的焦点。课堂讨论时间并不能完全解决他们的质疑，他们更热衷于找寻原始论文，厘清实验设计思路和实验过程。于是，第二次上课有学生带来了哥伦比亚大学该部分内容的公开课视频，有学生带来了最新电子版 *Brock Biology of Microorganism*（第 14 版，2015 年），以及 Kathleen Park Talaro 和 Barry Chess 的 *Foundations in Microbiology*。虽然，大家都说没有找到 Max Delbruck 和 Emory Ellis 发表的原文（1939 年），但提出这些问题，说明学生开始对教材、经典实验进行质疑性思考。通过给予学生发表见解的机会，激发了更多学生参与到思考和讨论中来。这是良性循环的开始，也是批判性思维、创新意识的体现。

## 三、作业认真，深层次、延伸性问题逐渐增多

在作业方面，学生们仔细认真地完成了读书笔记，并在此基础上提出“考考你”和“帮帮我”的问题。通过连续几次作业情况的比较，可以发现学生提出的问题更有新意、思考性也更强。

其中包括学生对教材中某些文字描述的质疑。例如，有的学生在作业中提到蓝细菌一节中（第 39 页）关于管状蓝细菌和球状蓝细菌的描述可能有误。

有学生针对“衣原体有无肽聚糖”的问题查阅了最新文献，报告显示：通过新的鉴定方法已经检测到在沙眼衣原体细胞壁中的肽聚糖

（Liechti G W, et al. A new metabolic cellwall labelling method reveals peptidoglycan in Chlamydia trachomatis. Nature, 2014：506, 507-510）。

还有学生在作业中提出“蓝细菌与光合细菌等同吗？”并通过查阅资料，在概念（产氧光合细菌、不产氧光合细菌）、代谢途径（循环式光合磷酸化、非循环式光合磷酸化）上进行了详细的比较，将自己容易混淆的“帮帮我”问题转变为“考考你”问题。

在学完原核细胞结构后，有学生提出“细胞壁有固定细胞外形和提高机械强度的作用，但是从本章的学习中很难看出细胞壁与细菌个体形状的关系，那么是什么决定了细菌个体形状的呢？”

# 第四节　教学调研与调整

为了在实践中发现问题，及时改进，上课七周后，笔者收集了部分学生对对分课堂的感受，学生们实事求是地提出了中肯的评价和建议，笔者据此在后面的对分课堂中做了相应的调整。

## 一、学生对对分课堂的感受

### 1. 讨论环节有助于培养独立思考的能力，但是没有完全达到预期的目的

有学生认为，微生物学课程进行对分课堂是可行的。因为尽管微生物学是生命科学学院高年级的专业课，就知识点而言，虽然庞杂，但没有太多理解方面的问题。单纯的教师讲授可能难以引起学

生更深入的思考。而作为高校理科学生，独立深入思考是必须培养的科研素养。对分课堂的讨论环节，就是为了训练学生的这一能力。然而，讨论过程中也存在一些问题，如学生们虽思路开阔，交流能集思广益，但由于学生之间课前没有交流，不少问题只能提出，不能解决，没有完全达到预期的目的。

也有学生认为，讨论效率是个问题，因为有些同学提出的问题或大或空或难，无法通过简单的讨论得出结果。

还有学生认为，小组内同学之间的交流会让自己发现没有复习到的知识点，起到互补的作用。

2. 可以推广到生命科学的其他专业课

有的学生赞同这样的教学形式，并认为“这种形式可以推广到生命科学的其他专业课。微生物学是一门基础课，和生命科学的很多基础课相似，教材本身提供的内容很少，很多东西都留有进一步研讨的余地。这样的教学形式是很有启发性的”。

3. 课后作业的形式好

有学生比较认可这种形式的课后作业，认为：“根据对分课堂讲解的内容，仔细阅读教材，从中发现问题、查阅资料，得到启发后再进行讨论，整个过程收获很大。”

有学生说：“作业可以督促课下学习，原来如果没作业的课可能上完课就不管了，现在会课下看书复习 PPT，进行文献查找、思考和巩固，将期末的复习压力分摊到平时。虽然课后完成作业要花费 2 个小时，不过感觉非常值得。”也有学生感慨：“这是第一次认真阅读一本教材，而且已经养成一种良好的学习习惯。”

4. 增加了学生的参与度

有学生表示："讨论时思维活跃，避免了三节课都不动脑子地听课，这样不容易睡着、玩手机。"

5. 时间的分配上还有改进的空间

针对目前的课堂情况，有学生提出在时间的分配上还有改进的空间，如讨论的时间如何分配得更合理？组内讨论要多久？全班讨论要多久？教师总结或点评要多久？

6. 可以提供案例，缩小讨论范围

有学生建议，在学到以后章节具体的病菌（感染与免疫）时，教师可以提供一些案例让大家讨论，既缩小了范围，又能将课堂理论和实践应用相结合。

学生们的反馈为提升对分课堂在微生物学教学中的效果提供了中肯的建议，从满足学生发展需要的角度考虑，给教师提出了更多更好的研究命题。某些问题还有待于在实践中深入思考。

## 二、后续教学的改进

学生通过亲身感悟对对分课堂的肯定是教师实践教学改革的动力，提出的宝贵建议是教师不断完善教学改革的方向和目标。在后面的对分课堂教学中，笔者采纳了许多建议，例如，在全班交流后对本章的重点、难点给予归纳总结，让学生在发散思维后回归本课程的主要内容；又如，在小组讨论环节，请学生们首先能够回答教师提出的几个问题，以便使讨论不偏离教材的重点内容。

# 第六章

# “微生物学”对分课堂效果调查

完成了微生物学课程教学中对分课堂模式的首次尝试，笔者通过问卷再次详细调查学生的学习体会，以便多方面了解学生的学习效果。

期末考试后，笔者以无记名方式发放调查问卷，从教材选择、教师讲授、读书笔记、课堂讨论、评价方式、学习负担、本课程满意度、学习效果满意度、推广可行性、对师资的要求，以及分组情况和考勤等多个方面，调查和了解学生对对分课堂实施过程和实施效果的感受和评价。从统计结果来看，86%的学生对“本课程采取对分课堂教学的总体评价”为较好或很好；如果其他课程同时提供对分课堂和传统课堂，仅 5%的学生选择传统课堂。本书详细分析了调查问卷，希望为此后在微生物学和其他生物学课程中使用对分课堂的教师提供有意义的参考。

# 第一节　问卷反馈的整体情况

期末考试结束后，本问卷通过邮件形式放在公共邮箱，并通知学生填写。时间的选择主要有三点考虑：①放在考试以后，学生可以在没有任何顾虑的情况下，真实地表达自己的意见和建议；②结束课程一段时间后，大家有充足的时间来比较、体会对分课堂的优缺点；③开学前整理完毕，以便为下次教学或其他教师提供有价值的参考。为了保证学生个人信息不被泄漏，对于本反馈特意开通公共邮箱。本次发放问卷 33 份（其中包括一名外校旁听学生），回收 22 份，回收率为 67%。

问卷中包括教材选择、教师讲授、读书笔记、课堂讨论、评价方式、学习负担、本课程满意度、学习效果满意度、推广可行性、对师资的要求，以及分组情况和考勤等多个方面。表 6-1 是对问卷中对分课堂实施阶段的评价汇总。

**表 6-1　对分课堂实施阶段的评价统计**　　（单位：%）

| 项目 \ 评价 | | 认同情况 | | | | | 达标情况 | | | | |
|---|---|---|---|---|---|---|---|---|---|---|---|
| | | 很不认同 | 不很认同 | 保持中立 | 比较认同 | 非常认同 | 基本没有 | 达到较少 | 保持中立 | 达到不少 | 基本达到 |
| 教材选择 | 本门课程需要采用内容丰富、结构清晰、有一定难度和挑战性的教科书 | 0 | 9 | 9 | 50 | 32 | 0 | 14 | 18 | 54 | 14 |

续表

| 项目 | 评价 | 认同情况 | | | | | 达标情况 | | | | |
|---|---|---|---|---|---|---|---|---|---|---|---|
| | | 很不认同 | 不很认同 | 保持中立 | 比较认同 | 非常认同 | 基本没有 | 达到较少 | 保持中立 | 达到不少 | 基本达到 |
| 课堂授课 | 通过教师讲授，帮助学生熟悉章节内容，克服重点、难点，为课后学习及读书笔记奠定基础 | 0 | 0 | 0 | 41 | 59 | 0 | 0 | 18 | 41 | 41 |
| 课后作业 | 通过读书笔记的形式，让学生根据个人学习微生物学的兴趣、动机和时间，掌控在本门课程上的学习负担 | 0 | 0 | 18 | 46 | 36 | 0 | 5 | 27 | 32 | 36 |
| | 教师及时地对学生的读书笔记进行打分、课后疑难问题互动，鼓励了学生学习，促进了学生进步 | 0 | 0 | 9 | 32 | 59 | 0 | 9 | 18 | 41 | 32 |
| | 通过有特色作业或优秀作业的分享，使学生互相学习，共同提高 | 0 | 0 | 18 | 50 | 32 | 9 | 0 | 41 | 18 | 32 |
| 讨论阶段 | 通过读书笔记和作业，促进学生对章节内容的认真学习，为分组讨论做好准备 | 0 | 0 | 9 | 27 | 64 | 0 | 4 | 5 | 23 | 68 |
| | 通过分组讨论，使学生互相促进、化解疑难，达到对章节内容的深入理解 | 0 | 0 | 5 | 59 | 36 | 0 | 14 | 9 | 45 | 32 |
| | 通过抽取小组代表全班交流、鼓励学生发表不同见解的形式，促进学生提高表达能力和倾听能力，培养质疑精神 | 0 | 0 | 9 | 46 | 50 | 0 | 0 | 14 | 45 | 41 |

续表

| 项目 | 评价 | 认同情况 | | | | | 达标情况 | | | | |
|---|---|---|---|---|---|---|---|---|---|---|---|
| | | 很不认同 | 不很认同 | 保持中立 | 比较认同 | 非常认同 | 基本没有 | 达到较少 | 保持中立 | 达到不少 | 基本达到 |
| 考核方式 | 通过督促学生完成读书笔记把学习落实到平时，而不是积压到期末考试前 | 0 | 0 | 5 | 18 | 77 | 0 | 0 | 9 | 27 | 64 |
| | 采用平时作业和闭卷考试相结合的考核方式，来更准确、更公平地评估学生的学习效果 | 0 | 0 | 14 | 36 | 50 | 0 | 0 | 23 | 36 | 41 |

# 第二节　对分课堂实施阶段相关指标的评价与分析

为了更好地解读学生反馈的信息，笔者详细分析了表 6-1 中的反馈结果，并对某些数据进行了相关性分析。

## 一、教材选择

对于教材选择，82%的学生比较认同和非常认同“本门课程需要采用内容丰富、结构清晰、有一定难度和挑战性的教科书”；68%的学生认为本课程中选择的教科书比较合适和基本合适。这说明尽管学生对本次教材比较认可，但是还需要拓展一些教学参考书，尤其是向学有余力或对微生物学感兴趣的学生推荐知识覆盖度更高、更具有挑战性的国外原版教材。

## 二、课堂授课

本门课程试图通过教师讲授，帮助学生熟悉章节的内容，克服重点、难点，为课后学习及读书笔记奠定基础。调查结果显示，学生对该目标认同率为100%，但目标达成率仅为82%。这说明，在课堂讲授阶段，教师虽然基本完成了预设的目标，但是还有一定的提升空间，如重点、难点可以更突出一些，而不仅仅是加快讲课的速度。

## 三、课后作业

课后作业的目的是让学生通过课后复习，内化吸收对分课堂的内容，在此基础上总结重点、难点，提出质疑，为课堂讨论环节做准备， 还可以根据自己的学习计划拓展学习。调查发现学生对课后作业有以下几点认同。

### 1. 学生认同读书笔记

82%的学生比较认同“通过读书笔记的形式，让学生根据个人学习微生物学的兴趣、动机和时间，掌控在本门课程上的学习负担”，但是达到率却仅为68%。究其原因，大部分学生还是担心分数不好，不敢根据兴趣、动机或时间来完成读书笔记，总是担心成绩低，于是努力写读书笔记，花费时间较多，感觉学习负担较重。

2. 学生认同作业评分

对于“老师及时地对学生的读书笔记进行打分、课后疑难问题互动，鼓励了学生学习，促进了学生进步”的调查结果显示，91%的学生认同这一目标，但达到率却仅为73%。这说明及时评价、及时反馈、课后疑难互动得到了学生的认可，但同时还是有所不足，在今后仍需继续加强。

3. 学生认同作业分享

82%的学生认同“通过有特色作业或优秀作业的分享，使学生互相学习，共同提高”，虽然教学过程中也有作业分享环节，但是次数较少，其中对分课堂2次，微信群中2次。因此，仅有50%的学生认为达到了预期效果，41%的学生保持中立态度。这说明学生希望以优秀者为榜样提升自己，同伴示范作用有待于加强。

## 四、讨论阶段

课堂讨论阶段是对分课堂的重要部分。通过这一环节帮助学生理解重点、难点内容，解答疑难问题，锻炼学生语言表达能力，培养倾听的习惯，学会总结别人的论点、表达不同的意见等。调查的结果说明有以下几个方面。

1. 读书笔记有助于讨论

91%的学生认同“通过读书笔记和作业，促进学生对章节内容的认真学习，为分组讨论做好准备”，且91%的学生认为达到了预设目标。这说明读书笔记形式的作业确实有助于学生充分消化对分课程内容，提出问题，有助于讨论环节顺利地进行，也体现出对分课堂三阶段的合理性。

2. 分组讨论有助于理解讲授内容

对于“通过分组讨论，使学生互相促进、化解疑难，达到对章节内容的深入理解”的调查结果显示，学生认同率为95%，达到率为77%。这说明讨论环节有待于改进，比如，学生建议：教师可以根据本章的重点、难点给出特定的题目，允许学生课后查阅资料后再讨论，以避免发生学生提出脑洞过大的题目，偏题、离题太远的情况，导致“无意义”的讨论，不利于学生掌握知识要点。从教师角度看，加强教师在全班讨论阶段的引导作用，但是也要允许学生提出“异想天开”的问题，这样才能激发学生的灵感。

3. 全班交流促进学生能力的发展，培养质疑精神

对于“通过抽取小组代表全班交流、鼓励学生发表不同见解的形式，促进学生提高表达能力和倾听能力，培养质疑精神”的调查结果显示，学生认同率为96%，达到率为86%。这说明全班交流的讨论形式得到认可，学生渴望表达、训练倾听、希望质疑的愿望得到满足。

## 五、考核方式

对分课堂教学模式既注重课堂教学效果的提高，也重视考核方

式的改进，强调过程性评价。适合的考核方式不仅能够减轻学生负担，还能够公平地评价学习结果，促进学生主动地学习。

1. 学生认可考核目的，达到预设目标

95%的学生认同“通过督促学生完成读书笔记把学习落实到平时，而不是积压到期末考试前”的考核目标，91%的学生认为达到了预设目标。也有学生说：“考试虽然不理想，但是学习中确实收获很大。”可见，这种考核方式确实减轻了学生期末复习的压力，改善了“突击考试、考完忘光”的情况，也促进了学生理解“学习的真正目的”，不是为了考试而学习。

2. 考核方式合适

对于“采用平时作业和闭卷考试相结合的考核方式，来更准确、更公平地评估学生的学习效果”的问题，学生认同率为 86%，达到率为 77%。这体现出学生希望通过改变考核方式，来更准确、更公平地评估学生的学习效果，但部分学生认为没有达到预期的目标。

本次实践按平时和期末成绩各占 50%的比例考核。在日常作业中，笔者发现学生的作业情况普遍有所改善，而且平时成绩平均为 43 分，但期末卷面成绩相差较大。进一步对卷面分析发现，有个别平时作业很认真的学生，期末成绩不理想，一种可能是由于平常成绩突出，期末疏于复习，还有一种可能是平时作业仅限于表面功夫，没有深入地理解重点、难点知识。另外，教师在指导方面还有欠缺，没有合理引导学生将精力放在重点、难点或考试重点上，导致课后学习涉略面过于宽泛，没有聚焦主要内容。

# 第三节 对分课堂模式的总体评价及相关分析

除上述问题外，问卷中还让学生评价了课业负担、自己学习满意度、本门课程教学的总体效果、对分课堂可否推广到其他课程，以及对分课堂需要怎样的教师、分组频率和是否需要签到等问题，据此全面评价本次对分课堂的教学实践。

## 一、课业负担

问卷调查了学生在本门课程学习中花费在阅读教科书和完成读书笔记上的时间，对 22 份问卷统计后发现，学生每次作业平均花费 4.5 小时，最短 2.5 小时，最长 10.5 小时，多数学生花费 3～4 小时。具体分析如下内容。

### 1. 64%的学生认为课业负担比较合适，100%的学生认可对分课堂

问卷中 64%的学生（14 人）认为本门课程学习负担比较合适，平均用时 3.6 小时，低于全班平均用时（4.5 小时）。进一步分析发现，14 人中仅有 8 人对自己的学习效果比较满意或非常满意，占比 57%，少于“认为课业负担较重，但满意自己学习效果”的学生（62.5%）。从中我们可以推测，在课程上花费时间较多的学生收获较多（平时收获和期末总成绩），所以对自己在本课程中的满意度

高于花费时间少（认为课业负担适合）的学生。这也从侧面反映了有付出就有收获。

值得注意的是，14 人中，3 人认为对分课堂很好，11 人认为对分课堂较好，即 100%学生认可本课程采用对分课堂模式。而且 14 人中除 2 人保持中立态度，其余 12 人（86%）认为对分课堂可以推广到其他课程。

### 2. 36%的学生认为课业负担较重，但对自己学习的满意度高于全班学生满意度

问卷中 36%的学生（8 人）认为学习负担较重，他们平均用时 6.6 小时，高于全班平均时间（4.5 小时）。其中，最短 4 小时（1 人），最长 10.5 小时。

进一步分析这些学生的其他反馈发现，8 人中有 5 人（62.5%）对自己的学习效果比较满意，高于全班学生满意度（59%）。其中，用时分别为 4 小时、6 小时、5 小时、8 小时和 9 小时的 5 位学生比较满意自己的学习效果。而另外 2 位用时 5 小时和 1 位用时 10.5 小时的学生对自己的学习效果不很满意，但是他们在综合评价本课程时有 1 位学生认为对分课堂较好；如果有其他课程同时有传统课堂和对分课堂，有 2 位学生倾向选择对分课堂；有 2 位学生认为对分课堂推广到其他课程比较可行。这说明，一方面，学生认为这样的教学—学习模式下，课业负担较重，但是对自己的学习效果比较满意；另一方面，虽然有的学生认为课业负担较重，且没有取得理想的效果，但并不完全否定对分课堂。

其中，用时 10.5 小时的学生对本课程的总体评价是“传统较好”，

但是如果修读其他课程，同时提供对分课堂和传统课堂，该生则选择“倾向选择对分课堂”，并在后续给本课程提出三点建议：①课堂讲解在有限的时间内要提纲挈领，突出重点。②初期很需要分享读书笔记；学会学习，学会记笔记，授之以渔——教师可以集中推荐一些方法并做些示例。③真心建议增加阶段性、不计分的小测验，促进和提高学习效率、笔记效率。

根据平时交谈及课堂情况观察，笔者发现耗时最长的这位学生，平时从事社会活动较多，缺课、上课迟到、课堂睡觉现象比较严重，但又有学习的意愿，这可能是导致该生作业费时较多的原因。虽然该生作业费时较多，但是学习效果不好，期末卷面成绩也不理想。

可见，有些学生不是不愿意学习，而是没有找到合适的学习方法，或是对本课程的要求理解不到位，对此，教师可以考虑：①提醒学生随时和教师交流，咨询怎样可以很好地完成作业，提高学习效果；②课程中，及早了解学生的学习情况，提供具体指导。

## 二、学习效果的满意度

通过一学期的对分课堂教学实践，59%的学生（13 人）对本门课程中自己的学习效果比较满意或非常满意，其中 62%的学生（8 人）认为作业负担比较合适，38%的学生（5 人）认为作业负担较重。进一步相关分析发现，13 人中有 92%的学生（12 人）认为对分课堂很好或较好，说明这部分学生通过对分课堂取得了令自己满意的学习效果。

除 2 人保持中立意见外，有 32%的学生（7 人）不很满意或很不满意自己的学习效果，其中 43%的学生（3 人）认为作业负担较重，这可能是由于他们花费大量时间却没有取得理想的学习成绩（由于本问卷是匿名，所以无法将学期总成绩与个人满意度相关联，个别除外）。但是，7 人中分别有 5 人（71%）认为“与传统课堂相比，本门课采用对分课堂较好”，以及“如果修读其他课程，同时提供对分课堂和传统课堂，他们倾向选择对分课堂”，并且有 6 人（86%）认为“对分课堂可以推广到其他课程”。这说明即使学生对自己在本门课程中的学习效果不很满意，但是坚信对分课堂比传统课堂好，并且可以推广到其他课程，也间接反映出其他课程有改变教学模式的必要性。

## 三、对分课堂总体评价

与传统课堂相比，学生对本门课采用对分课堂的总体评价是：22 人中 1 人认为传统课堂较好，2 人保持中立态度，13 人认为对分课堂较好，6 人认为对分课堂很好，总计认为对分课堂较好或很好的学生占比 86%。这说明本学期微生物学课程采用对分课堂模式得到 86%上课学生的认可。

## 四、学生对教学模式的选择

在问卷中，学生对“如果其他课程同时提供对分课堂和传统课堂，你会如何选择？”问题的反馈如下。

1. 5%的学生（1 人）选择传统课堂

仅 5%的学生选择传统课堂，说明传统课堂确实需要改变。

2. 41%的学生（9 人）保持中立态度

41%的学生保持中立意见，说明他们处于观望或考察阶段。但是，其中 78%的学生（7 人）认为在微生物学教学中采用对分课堂的教学模式很好，22%的学生（2 人）保持中立态度，无人认为传统课堂好。

从他们对作业负担的感觉可以发现，44%的学生（4 人）认为作业负担较重，高于全班认为作业负担较重的比例（36%）；从“本门对分课堂形式的学习上，对自己的学习效果满意度”来看，56%的学生（5 人）比较满意，44%的学生（4 人）不很满意或中立态度。这说明保持中立态度的学生，虽然他们不喜欢传统教学模式，认可在微生物学教学中采用对分课堂，但是由于感觉这种学习模式作业负担较重或者对自己的学习效果不很满意，因此，如果其他课程采用这种教学模式，将保持中立态度。

这提示实践对分课堂教学的教师如何引导学生掌握学习方法，减轻课后作业负担，帮助学生取得满意的学习效果相当重要。

3. 55%的学生（12 人）选择倾向对分课堂或选择对分课堂

在选择对分课堂或倾向对分课堂的 55%的学生中，33%的学生（4 人）认为课程负担较重，这 4 人占全部问卷中认为作业负担较重人数（8 人）的 50%，高于问卷调查平均比例（36%）；有 42%的学生（5 人）对自己在本课程中的学习效果不很满意，而且这 5

人占全部问卷中不满意人数（7 人）的 71%，高于问卷调查平均比例（32%）。

从这些数据可以看出，尽管一些学生认为作业负担较重，一些学生对自己在本课程中的学习效果不很满意，但是他们仍然认为对分课堂较传统课堂有很大优势，仍然会选择对分课堂。这说明，对分课堂除了通过分数表现出来的学习效果以外，对学生还有其他方面的吸引力，这些也体现在学生对课程的文字评价中。

## 五、可否推广到其他课程

通过本课程对分课堂的实践，77%的学生（17 人）认为“对分课堂可以推广到其他课程”，23%的学生（5 人）保持中立态度，因为他们认为不同学科有不同的学习方法，要视具体课程而定。

## 六、是否需要资深教师

对于“是否只有资深教师才适合使用对分课堂”的意见比较分散，14%的学生（3 人）认为需要资深教师，9%的学生（2 人）认为资深教师较好，41%的学生（9 人）认为无需资深教师，23%的学生（5 人）认为青年教师较好，14%的学生（3 人）认为青年教师更好。由于没有进一步说明理由，所以不能知道学生的具体想法，但可以看出 77%的学生（17 人）认为无需资深教师，青年教师也比较好或更好。这充分说明对分课堂是所有教师尤其是青年教师容易上手并取得良好教学效果的教学模式之一。

## 七、是否需要签到

91%的学生（20 人）认为上课应该签到。笔者第一次发现来自学生对签到的要求。多年的教学中，笔者一直认为，签到会表现出对学生的不信任，签到还可能会影响学生对课程的选课率。但根据本次调查的数据，学生需要签到，这可能与对分课堂的教学模式有关，因为课堂讨论环节首先是小组讨论，如果一组 4 人中有 2 人迟到或缺课，将会影响讨论氛围和内容，进而影响其他成员的学习效果。如果签到，一定程度上会降低迟到、缺勤的现象，促进学生进入学习状态。如果签到计入平时成绩，效果会更加明显。看来，学生体会到了合作学习的好处，希望通过一定的规定有效保障合作学习。

## 八、是否需要调换小组

关于讨论小组是否需要调换及调换频率的调查显示，91%的学生（20 人）认为需要调换，其中 85%的学生（17 人）认为 3～4 周调换一次比较合适，仅有 2 人认为不用调换。笔者认为，交换小组成员不仅可以增加小组成员的新鲜感，更重要的是可以促进因个体差异而带来的不同观点的交流，也是促进人际交往的好机会。

从本次学生对对分课堂的反馈，我们不难发现几个重要的信息：①95%的学生不选择传统课堂，说明学生对改变传统课堂教学的强烈要求；②86%的学生对本次对分课堂教学满意，说明对分课堂实施的可行性和有效性；③尽管 36%的学生认为作业负担较重，32%的学生对自己在本门课程中取得的成绩不很满意，但其中 88%的学生依然选择对分课堂，并认为“对分课堂可以推广到其他课程”，这说明对分课堂是一种有效果、有潜力的教学模式，还有很大的提升空间。

因此，教师需要思考如何在不降低学习效果的前提下减轻学生的课业负担；如何提高学生对自己学习成绩的满意度，以及对对分课堂的满意度；如何促进同伴学习和合作学习；如何让对分课堂发挥除学习成绩以外的更大的效应，提高综合教学效果，提升教师教学能力。

当然，这对教师也意味着更大的挑战。作为教师，我们还需要不断地学习、了解、掌握并尝试新的教学模式，探索适合本课程、本专业学生特点的教学模式或者综合运用多种教学模式，提高教学效果，努力培养具有创新意识、质疑精神、合作能力的新型人才。

## 第四节　学生在对分课堂学习中的收获和建议

相较传统课堂教学模式，对分课堂是一种新型的教学模式，经过一学期与学生相互配合的完整实践后，学生们给出了他们对对分课堂的感受，可参见附录 1。

### 一、学生的体验与收获

#### 1. 新模式，新体验，由拒绝到喜爱

有学生认为，对分模式是一种比较新颖的教学方式，与传统课

堂大不一样。在课堂中引入讨论环节，使教学方式趋向多元化。对分模式比较鼓励学生在课下进行自主探索，学生不再只是一味地听讲，还要去质疑，去深入地思考所学的知识，这大大丰富了学生汲取知识、应用知识的方式。有学生说，自己从拒绝对分课堂到越来越喜欢对分课堂，以至于激发了对微生物乃至生物学科的兴趣。感觉大学两年半，微生物学是收获最多的一门课。

2. 促进课后学习，知识脉络更清晰，减轻期末考试的压力

绝大部分学生认为，读书笔记减轻了期末应考的负担。课后作业督促学生及时总结与反思，巩固了学习内容，有助于理解知识点、理顺知识脉络。“考考你”“帮帮我”等环节促使学生更深入地探讨教材内容，知识脉络更清晰，提高对于微生物学的整体认识。改变考前突击现象，期末复习比较轻松，成绩很理想，不会考完就忘光。

3. 互动增加，使课堂更具吸引力

讨论环节的加入，给原本枯燥、单调的课堂注入了新的活力。师生互动、生生互动大大增加了学生对课堂学习的积极性，提高了学生课堂参与度，上课不再是一味地听讲，能够让学生把手机、电脑放在一边，使课堂更具吸引力。讨论过程增加了信息的交流，学生互相分享一些前沿或者不知道的微生物学相关知识。

4. 学会听讲，查找不足，促进能力的提高

课堂讨论使学生学会听取不同的意见、不同的声音，从身边同学身上学到新的知识点甚至思维方式，来和自己的思考比较，查找不足，激发自己更加努力地自学和查找资料，以便能提出更好的问

题。课堂讨论能更有效地促进学生发问、质疑。有学生提到自己提问能力不是很强，但在讨论的时候听别的同学提出的问题总能让自己有耳目一新的感觉，于是试着去思考别人为什么会提出这种问题，慢慢地发现自己提问题的能力也提高了。

5. 提高自主学习的热情，富有成就感

有学生认为，一旦想到有意义的问题，就会拼命上网查资料，尽量给出一个自己觉得讲得通的解释。如果发现 PPT 和教材上有不明晰甚至错误的地方，通过查各种资料，比较权衡再给出修正意见，也很有成就感。自主获取知识后的成就感反过来更激发了学生提问的热情。

6. 养成良好的学习习惯，提升了自主学习和发现、探究问题的能力

通过一学期的对分课堂实践，大部分学生基本养成了自主学习、带着问题学习的习惯，养成了课后及时总结重点、再思考、发现疑问并尝试解决的习惯。他们一改死记硬背的学习方式，学会了在思考中学习。

7. 给学生想要的学习，保护学习兴趣

有的学生说，在对分课堂教学模式中，体会到了课后及时复习的好处，也体验到了自己提出问题和解决问题的过程。“我想要的‘学习’就是这种学习，对一些东西好奇，然后再去寻求解释，这是我想要弄懂的、印象深刻的知识。”有的学生反馈说，本人不擅长考试，最后成绩依旧不理想，但是学习中学到的东西是实在的，和成绩无关，对分课堂在一定程度上能保护学生的学习兴趣。

## 二、学生的思考及建议

在反馈中，学生认真评价了对分课堂教学模式，除了总结一些优点，还对对分课堂模式中一些操作提出质疑和思考，并给出了建设性的解决办法。

1. 对对分课堂的质疑与思考

（1）读书笔记三部分是否科学

有学生关于读书笔记中的“亮闪闪”“考考你”“帮帮我”三部分的科学性提出了质疑，认为：“亮闪闪”是课本的重点或难点，或者对自己来说全新、有趣的知识点，很有必要。但是“考考你”这一部分，有从“亮闪闪”中分出来几点拼凑的感觉，与“亮闪闪”没有根本性区别，不必要。至于“帮帮我”，硬性要求提三个问题，导致同学绞尽脑汁提一些并不重要的或者太宽泛的问题，没有建设性，所以希望不要规定必须提多少个问题。“帮帮我”中如果问题提得不合理，会导致讨论课上花费很多时间讨论没有意义的事情。

（2）怎样写读书笔记更有效果

有的学生的读书笔记虽然注意了知识点之间的逻辑关系，也采取了缩进或者网图的方法，但是并没有分出重点、难点，更像是知识点的罗列，所以觉得“到期末复习时有笔记肯定比什么都没有要轻松些，但是没有想象得那么立竿见影的好效果”。

（3）讨论的内容是否需要限定

按照对分课堂的设计，讨论的内容应该是来源于读书笔记的“亮闪闪”“考考你”“帮帮我”，但是如果学生是“为了提问题而提问题，为了分数而提问，为了分数而做作业”就会出现一些情况，比如：①很多时候学生们为了提出有创意的问题不得不放弃基础的重点，去阅读很多前沿的资料，过于钻研一些研究不清楚或者偏的知识，可能会导致对课本上要求掌握的知识点反而有些生疏，进而导致课业负担偏重。②为求新求奇，提出一些比较偏或者比较前沿的问题，虽有趣，但有点偏离基础。③讨论的内容通常过于广泛，没有抓到需要掌握的内容，反而关注于很多还没讲到的知识甚至是学术界尚无定论的观点，这些内容涉及太多时，讨论的效果会大打折扣。

（4）过程性评价怎样更合理

有学生认为，过程性评价将总成绩和期末复习的压力减小了，但是讨论部分没有评价。因为课堂中的讨论是有限交流的场所，无法进行深入的学术探讨。因此，是否可以考虑将更多的学术探索部分放在线下，或将原有的线下部分加以一定的考核，比如，将学术讨论部分以小组形式的线下讨论作业提交等。是否通过严格平时作业打分的区分度，促进学生在作业过程中的自我提升？

### 2. 对改进对分课堂的建议

（1）讲授阶段增加互动环节

讨论和传统授课这两个模块之间割裂得太明显，可以相互结合，在授课中讨论，在讨论中授课。讲授阶段增加互动环节，一些讨论可以穿插在各节课中，以免讲授环节又恢复到传统授课状态。

（2）精简授课内容

由于时间有限，教师可以划定重要范围，从而缩小读书笔记抑或是提问的范围，使得一些知识的掌握更具有针对性，加深对于重点、难点的攻破。课堂讲解需在有限的时间内提纲挈领，突出重点，并辅以内容主次分明的PPT。

（3）增加习题分析

学习知识是学生更看重的方面，为使学生取得更好的学习成绩，指导学生学会分析问题，掌握答题要点，教学期间可以增加一些相应习题的讨论分析，反过来弥补单纯注重讨论环节的不足之处。建议增加阶段性、不计分的小测验，借以提高学习效率。

（4）根据教学目标，合理设定要求

如果旨在激发学生探索兴趣，可以在读书笔记方面降低要求或给学生一些课堂时间；如果旨在巩固课堂内容，望教师在作业的评判和设置等方面多加考虑。比如，减少“帮帮我”问题的数量。如果要学生自主探索3个问题，数量略多，但又担心影响评分，往往为凑数量会提出不太有价值的提问。有学生反映“帮帮我”部分直接去看 *Nature* 等权威杂志并提出相关问题写上参考文献就可以拿到5分。但这样会偏离教学目标，因为学习重点应该是课本或基础知识，为了拿高分而忽视了课本也会导致最终期末考试成绩不理想。因此，希望教师合理设定要求和评分标准。

（5）小组分工与讨论时间

在讨论方面，组内分工没有必要分得特别细致。可考虑提高换组频率，如两周一换，这样可以增加学生的交流机会。同时为了保证讨论的质量，签到并且占一定的分数是必需的，并给予迟到或旷课学生一定的扣分，不然有些小组仅有一两人讨论，会影响讨论的效果。

关于对分课堂的时间安排，笔者认为30分钟左右较为适宜，其中20分钟组内自由讨论，10分钟教师随机选两组学生交流。

## 第五节　教师对对分课堂实践的教学总结

对分课堂是一种新的教学模式，无论是对教师还是对学生都属于新鲜事物，在实践的过程中都难免会遇到一些问题。教师务必认真对待学生的反馈意见，反思教学过程及教学效果，关注学生发展需求，合理采纳学生建议，做好总结、提升，为下一次教学做好充分的准备。

### 一、根据教学目标，明确教学要求，使学生少走弯路

微生物学作为本科基础教学课，课程目标之一就是“使学生掌握扎实的微生物学基础理论、基本知识”，对于大多数学生而言，这是重要目标，所以教师要明确教学要求：先重基础，回归基础，关注重点知识，接受和思考为主，探索和延伸为辅。若学有余力，可以拓展学科发展前沿及自己感兴趣的问题。

### 二、明确作业目的，加强初期作业指导与分享，提高作业质量

布置作业的目的，一方面是督促学生复习，内化吸收知识，培养思考习惯；另一方面是为讨论阶段做准备。指导学生在写笔记的时候区分重点、难点，避免知识点的罗列，关注知识点与点之间的

逻辑关系，根据学习内容采取多种笔记方式，辅助理解并记忆知识点，方便搭建知识网络，或集中推荐一些方法并做示例。在作业初期加强学生作业分享，互相学习记笔记的方法和思维逻辑，促进学生学会写读书笔记，高效记课堂笔记。

## 三、明确“亮考帮”具体含义及内容，有针对性地指导，避免给学生带来课业负担

平时作业可以通过读书笔记与“亮闪闪”来总结归纳重点和难点，并辅以理解和记忆，也要体现个人兴趣。明确“考考你”可以是课程重点内容，也可以是自己感兴趣的问题，不需要学生提出“对于大部分学生非常有帮助或者引人深思的知识点”。避免平常作业重点与考试重点偏离、期末考试水平与作业质量严重脱节的情况。

有个别学生需要八九个小时才能完成作业，而且经常为了钻研一个小问题就花掉一两个小时。根据学生反映作业负担较重的问题，教师要引起重视，个别指导。找出问题关键点——是学习方法的问题，还是理解作业要求的偏差？

## 四、优化讨论环节，增加分享内容

教师要根据具体内容控制讨论阶段的时间，在全班交流时，避免出现在不具代表性的问题或某些奇特想法上“浪费”时间的现象，有些问题可以课后个别交流。在讨论内容上，教师可以给出一些启发性的问题来引导学生们提问的方向和兴趣。在讨论环节可以增加：请优秀作业的完成者或自愿者分享自己寻找问题的思路和解决问题

（寻找资料）的过程。因为对于学习者来说，除了找出问题具体的答案，其实过程更有价值、更重要。这些东西也可以作为分享的重点。

## 五、拓宽讨论渠道，增加小组考核

课堂是有限交流的场所，但是在教学过程中发现深入的学术探讨不能在课堂内进行（当然这也可能跟学生群体对课程探究程度的期望有关），因此，可以考虑将学术探索的部分更多地放在线下，并将原有的线下部分加以一定的考核。可行性体现在，每节课只抽查 2～3 个小组发言，其余组没有发言机会，可以由组长负责整理本组讨论内容，发布到微信平台上，作为小组考核部分。

## 六、提高授课效率

对分课堂中，一方面讨论需要一定的时间，教师授课时间被压缩；另一方面学生课后在完成读书笔记的过程中都要阅读教材和 PPT，因此，教师要进行课程再设计，授课内容宜简而精，更专注重点内容，而不是按照传统课堂的内容，仅仅加快讲课速度。精华浓缩的授课内容，准备充分的精练讲解，有助于吸引学生课堂注意力，可以同时提升课堂和课后读书的学习效果。

## 七、及时解惑，有助于学生端正学习态度，实现权责对分

学生习惯于传统模式的教学过程和教学目的，在教学改革实践

中往往对教学模式或学习模式产生疑惑，不能正确理解教学模式改变的真正目的和意义，进而影响学习兴趣和学习效果。

比如，有学生认为，作业中要求“提出问题”的目标设置太空、不合理，有“被思考”的感觉，为了完成作业而提问，课下愿意了解问题答案的学生很少。也有学生认为，自己提出的问题都很浅显，要么是自己不知道的某一具体事实，找一找就会有答案，要么是几乎没有人关注过的问题，而自己又懒于去查阅有关文献，也不去思考这些问题，或者即便知道答案后也感觉对理解微生物方面没有什么作用。还有学生认为，这种模式可以提高学习效果，但是如果想要达到比较良好的效果对学生而言就是更重的课业负担。

这些疑问反映出，有些学生对课后作业的目标甚至教学目标、培养目标还没有完全理解，对完成作业的目的缺少正确的认识，还停留在怎样拿到好分数的阶段，探索精神不足。当然，这也是我国高等教育或者说基础教育需要改革的首要原因。针对这样的问题，教师要予以解惑。

### 1. 教师向学生解释学习的目的

分数已经不应该是高等教育、大学生追求的主要目标，未来需要的是具有创新精神和创新能力的人才，既要有扎实、广博的专业知识，又要有很强的自我学习与探索的能力。而能力的提高是需要过程的，有意识地锻炼可以更快地提升自己提出问题、分析问题和解决问题的能力。让学生认识到这一点也许就是教师职责中的“育人”部分。

与此同时，教师还有必要向学生明确讨论的意义和目的是什么：①从对分课堂的设计来看，讨论是对分课堂的一个环节，是保证教学从内化吸收顺利进行到下一讲授环节的关键一环。学生的讨论是对上一次重点、难点内容的再消化、再确认、再思考，也是对自我知识框架的搭建或修正。②讨论还可以达成素质教育的某些教学目标，比如，锻炼学生倾听、质疑、整合信息和表达（学术观点）的能力。需要明确的一点是，小组讨论甚至全班交流都不能解决所有的问题，而且有些问题并没有现成的答案，或者还没有得以研究。所以，讨论只是学习的一个过程或是一种学习方法，不是要解决所有的学术问题，在这个过程中思考能力的锻炼可能比知道一个知识点更重要。

### 2. 对分课堂模式提倡过程性评价和权责对分

对分课堂模式提倡过程性评价和权责对分，也鼓励学生根据个人规划合理安排在一门学科上的时间。所以，对作业给予一定比例（如 50%）的考核分数就是过程性评价的体现，更是促进对分课堂教学效果的保障。选择投入多少时间学习一门课程完全由学生自己决定，好的效果当然对应于更多的付出，这就是权责对分。

教学本身就是教与学、教师与学生的有机统一。美国著名教育学家艾米莉·卡尔霍恩多次提到“教学模式更应该称为学习模式”[6]。因此，教师教学模式的改变本质上是学生学习模式的改变，让学生正确理解一种模式的具体操作环节、设计目的和意义，将有助于教学过程顺利完成，取得理想的教学效果。

## 八、享受和学生的沟通

教师对学生的及时指导很重要。鼓励学生和教师沟通，及时指导学生完成作业，有效沟通可以提高学生的学习效率和学习兴趣，增加师生感情。附录 2 选取 2 个典型案例予以说明有效、及时沟通的重要性。

## 九、学期总体评价

最后一堂课刚刚结束，笔者还没有离开教室，就有学生发微信朋友圈（图 6-1）评价本课程，笔者很感动。

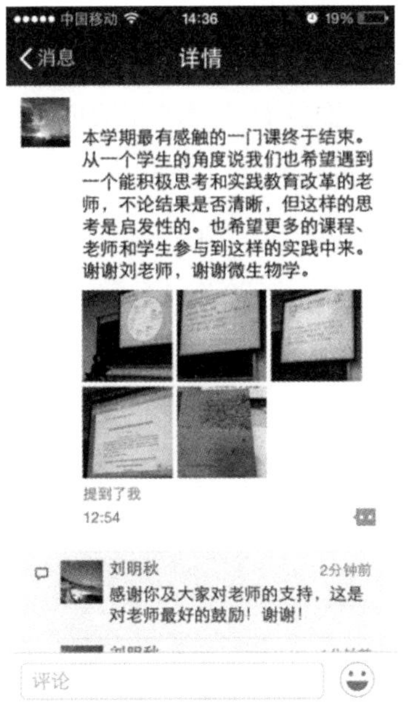


图 6-1　学生对课程的评价

课程结束后，学生在期末期间对教师工作给予评价。本学期（2015 学年第一学期）“微生物学”课程对分课堂评教得分为 4.83 分（满分 5 分），高于去年传统授课评分，也高于平行班的传统授课得分。在实行对分课堂之初，笔者即做好了“破而后立”的准备，一个学期的付出终于得到回报，心里还是很欣慰的。

通过一学期和学生们的共同学习，笔者从中也掌握了学生们的基本情况：很多学生一如既往地保持好的学习习惯，无论课堂讨论、听课还是课后作业都很认真；有些学生通过不断努力取得了很大进步，尤其是本来作业完成得不好，学习基础相对较弱的学生，每次作业都有进步，上课也愿意参与问答；有学习态度积极转变的学生；当然也有个别学生上课讨论得很好，但是作业不认真或不及时交；也有学生拖延症厉害，作业完成得很好，但是总是迟交或补交；还有个别学生由于种种原因没有取得理想的成绩。

不管怎样，笔者非常高兴这一学期和每一位学生的接触和交流，再一次感到做教师的意义，这也是自己选择教师这一行的初衷。

# 第七章

# 通识课程“改变生活的生物技术”概述

生命科学被誉为21世纪最有发展潜力的科学之一，生物技术则是推动当今社会发展的重要科技力量[39]。生物技术是一门新兴的学科，在农业、食品、医药健康、环境、能源等方面有着广泛的应用，与人类生产生活的关系越来越密切。生物技术作为教学内容进入中国高校可追溯到20世纪90年代初。从起初部分零星的内容进入到开设专门的生物技术课程，从相关专业的基础课到非相关专业的公共选修课乃至通识教育课。上海交通大学从2009年开始把“生物技术概论”作为公共选修课，“生物技术与人类”作为通识教育核心课程在全校公开选修[40]。作为复旦大学通识课程之一的“改变生活的生物技术”开设于2013年，2014年建设成为复旦大学精品课程，2015年建设成为上海市精品课程。本章主要通过对分课堂教学模式在通识教育选修课程“改变生活的生物技术”的应用，剖析对分课堂模式在哪些方面可以实践通识教育“以学生为本，培养全面的人”的教育理念，以得到在通识课中推广对分课堂的可行性。

## 第一节 通识教育与通识课程

通识教育是教育的一种，这种教育的目标是：在现代多元化的社会中，为受教育者提供通行于不同人群之间的知识和价值观[41]。1829 年，美国博德学院（Bowdoin College）的帕卡德（A. S. Parkard）教授第一次将通识教育与大学教育联系起来。自 20 世纪以来，通识教育已广泛成为欧美大学的必修科目。80 年代中期，中文“通识教育”一词由台湾学者根据 general education、liberal education 的思想翻译转换而来。也有学者把 general education 译为“普通教育”“一般教育”“通才教育”，将 liberal education 译作“自由教育”“博雅教育”等。

通识教育重在“育”而非“教”，因为通识教育改变以往学术分科太过专门、知识被严重割裂的现象，它给学生提供多样化的选择，目的是培养学生能独立思考且对不同的学科有所认识，以至于能将不同的知识融会贯通，最终目的是培养出完全、完整的人。

20 世纪中叶，美国著名的教育改革家、思想家、通识教育的代表人物赫钦斯（R. M. Hutchins），倡导通识教育是面向所有人的教育，是对每个人都有用的教育[42]。1945 年，哈佛大学红皮书《自由社会中的通识教育》（*General Education in a Free Society*）[41]开启了美国的这场通识教育运动，其中提到教育的目标是培养富有责任感的公民、有教养的人。学生需要具备有效思考的能力、逻辑推理的能力、关系理解的能力、想象力、清晰沟通的能力、适切判断的能力、对多种价值观的识别选择能力。1984 年，台湾首次推出通识教育，接下来是香港的全人教育（whole-person education）、完整教育（all-round education）。我国内地通识教育起步晚，从 1998 年教育部高等教育司提出《关于加强大学生文化素质教育的若干意见》（教高司〔1998〕2 号）算起，不过十几年，而且早期的通识课程基本上是高校原有的公共课程和基础教育课程，少有针对培养目标的通识课程设置[42]。

复旦大学是最早推出通识教育核心课程的高校。2005 年 8 月，复旦大学成立以通识教育理念为核心的复旦学院，借鉴国内外著名大学本科生培养的优秀经验，深入贯彻“以学生为本”的理念，培养全面发展的高素质、创新型人才。从 2006 年起首次推出复旦大学通识教育核心课程六大模块方案，即文史经典与文化传承、哲学智慧与批判性思维、文明对话与世界视野、科技进步与科学精神、生态环境与生命关怀、艺术创作与审美体验。六个模块的设计意味着学生需要有相当广泛的知识宽度。10 年之后，复旦大学通识教育目标进一步深化，180 门通识教育核心课程重新规划，六大模块增为七大模块，核心课程增加了新的模块——社会研究与当代中国，并且这次调整后，所有课程都将以方法论为导向。这一转变源自对通识教育理念的进一步理解。

赫钦斯认为：“教育是学校所传授的知识已被遗忘以后尚且余留的精华，诸如观念、方法和思考习惯等。”大学教育的目的不在于教给学生多少具体的知识，而是教会学生学习方法、思维方式，让他们学会怎么去自主学习，怎么进行独立思考[42]。

现代知识体系中，学生要真正掌握足够宽度的知识，可能终其一生都无法实现。加之目前国内大学在推行通识教育过程中，普遍面临师资力量不足的难题，结果导致课程短缺而不得不因人设课。还有一个问题是，现代大学是按照专业分工的原则组织起来的，这导致学科之间壁垒重重。这些因素最终导致通识教育课程设置不得不“拼盘化”，缺乏系统性。那么学生从这些通识教育课程中选几门课学习，是不是就能够培养成为一个“全面的人”？

复旦大学通识教育核心课程委员会主任孙向晨教授说，通识教育的理念与整个核心课程体系的关联度，需要更加明确；在知识之外，能力的培养变得更加重要。复旦大学复旦学院常务副院长、教务处处长徐雷教授指出：“既然知识的宽度不能完全满足当下人才培养的需求，那么更重要的，就是要对学生进行方法论的教育，包括教会他们如何思考，如何发问。”新的通识教育核心课程的目标，将从注重知识宽度的培养，变为注重方法论和能力的培养。除了培养学生独立思考的能力，大学通识教育还有助于培养学生的自主学习能力。

## 第二节　“改变生活的生物技术”课程性质与课程内容

### 一、课程性质

“改变生活的生物技术”作为一门通识课程选修课，其授课对象是非生物学专业的学生。根据通识课程的培养理念，课程的完成不仅要传授必要的生物技术的知识，更重要的是培养学生的能力。所以，本课程遵循知识同化的规律让学生从日常生活中所涉及的生物技术入手，了解生物技术的原理和应用，了解生物技术的起源、发展现状和趋势，了解生物技术如何影响人类社会的发展与进步。本课程将“生、老、病、衣、食、行”作为切入点，介绍与人类生活息息相关的生物技术，以及给人类带来的变革[43]。

## 二、课程内容

以下是本课程的教学内容①。

1. 绪论

2. 美食中的生物技术（酿造技术）（2 课时）

3. 洗衣粉、嫩肉粉、化妆品中的奥秘分子——酶（2 课时）

4. 你怎么知道你是你——DNA 鉴定技术的过去、现在和将来（4 课时）

5. 贵比黄金的青霉素是怎么卖得比水都便宜——细胞工厂（4 课时）

6. 是不是人有多大胆，地就有多高产？——遗传育种与转基因植物（4 课时）

7. 明察秋毫与一叶知秋——生物诊断技术（4 课时）

8. 多莉羊——克隆技术（2 课时）

9. 再生侠——干细胞技术（2 课时）

10. 生命的卫士——疫苗技术和抗体技术（4 课时）

---

① 本课程网站：http://jpkc.fudan.edu.cn/s/377/main.htm。

11. 生物反应器——转基因动物技术（2 课时）
12. 教学实践——自制酒酿或自制酸奶或自酿葡萄酒（2 课时）

## 第三节 “改变生活的生物技术”课程目标与课程特色

生物技术已经走进我们的生活，在衣食住行、生老病死诸多方面改变着我们的生活。很少有一门技术能够像生物技术那样，对人类社会产生了如此重大的影响。人类日常享用的美酒佳肴中就蕴含着古老生物技术的智慧。伴随着 20 世纪分子生物学的蓬勃发展，新兴的生物技术在更多领域为人类社会继续造福，包括疾病诊断、粮食增产、石油开采、药物研制等。生物技术产业是新兴的朝阳产业。虽然第一个现代生物技术公司直到 1972 年才建立，但仅仅 10 年之后，生物技术产业市场的规模就超过了 600 亿美元。软件大王比尔·盖茨也曾预言，超过他的下一个世界首富必定出自生物基因领域。

### 一、课程目标

本课程将向每一位对生物技术好奇的学生阐述生物技术的发展历程及最新的研究进展。让学生们不仅为生物技术给生活带来的变革而感到震惊，更会被那些热衷于生物学技术的科学家的奋斗历程所感染。最后达成构建生物技术知识体系、提高学生自主学习能力、提高学生深度学习能力的教学目标。

### 二、课程特色

在课件准备方面，采用分头准备、集体备课的方式，即每位教师负责各自专长的 PPT 课件；集体备课，提前预讲，优化课件内容；囊括生物技术的发展历程、最新进展、发展趋势。在授课方式上，采取小班授课的方式，在不同校区、不同学期同时开设平行班，每个平行班由一位教师独立负责。还有强大的教学团队做支撑（见第十章第四节第一小节“师资”）。

## 第四节　师资、学情分析与考核标准

### 一、师资

本课程是 2012 年根据多门公共选修课，如“生物工程概论”“生物技术概论与应用”等与生物技术相关的课程优化组合而成的。所以，本教学团队由长期工作在科研第一线、具有高级职称的七位教师组成，这些教师各具研究专长与特色，同时充满学术活力和教学热情。本课程于 2013 年开始建设，2014 年建成为复旦大学精品课程，2015 年建成为上海市精品课程。

### 二、学情分析

选修本课程的学生是非生物专业本科生，包括法学、管理学、材料学、力学、临床医学、数学等多个专业，年级不限，以一年级新生为主，也有高年级学生。这些学生对生物学感兴趣，有些具有较好的高中生物基础，但是由于高考选择学科的因素，有些学生仅有较少的生物知识，且生物学也不是他们以后要从事的行业。因此，在学习过程很容易发生对知识似曾相识但又不知其所以然的情况，对于专业的内容听不懂。为兼顾基础差和基础好学生的学习兴趣，本课程教学内容上力求做到激发好奇、深入浅出、雅俗共赏。

### 三、考核标准

本课程的考核紧密配合教学目标，不仅通过期末测试考核知识性内容，还通过撰写“寻找身边的生物技术”的小论文和参加教学实践，如“学生酿造葡萄酒”“酒酿制作”“酸奶制作”“面包烘焙”等实践活动，培养学生的自主学习能力、综合分析能力及动手实践能力。考核内容包括“寻找身边的生物技术”的小论文（占15%）、教学实践（占15%）、期末考试（随堂开卷）（占70%），有名词概念、简答、论述三种题型。

## 第五节　“改变生活的生物技术”对分课堂教学的必要性

“改变生活的生物技术”课程希望通过重点生物技术知识的讲授，帮助学生搭建知识构架，培养综合素质。同时，选修学生背景多样，既有生物基础较好的学生，也有生物基础偏弱的学生，既有不善言谈的理科学生，也有善于逻辑思维的文科学生。但是快速的科学发展和发达的信息传递使学生获取新知识、新观点更多、更快，进而不同背景的学生更愿意在已有知识的基础上展开交流、讨论，希望拥有更多的交流机会。因此在传统的讲授式课堂教学中引入新的模式势必会提高教学质量，改善教学效果。

## 一、对分课堂模式具有满足通识教育理念“培养全面的人”的显著特点

在前面章节中已经提到，对分课堂模式是把教学分为在时间上清晰分离的三个过程，分别为讲授、内化吸收和讨论。对分课堂的关键创新在于把讲授与讨论在时间上错开，让学生在中间有一周的时间自主安排学习，进行个性化的内化吸收，搭建或重建自己的知识架构；紧接着以内化吸收形成的课堂笔记（作业）为基础展开课堂讨论，增加生生互动和师生互动，在此过程中既完成了重点、难点知识的回顾、释疑，又强化了学生质疑、沟通、表达、倾听等能力培养；读书笔记的完成还调动和发挥了学生学习的自主性，培养了学生的学习习惯。这些都符合通识教育理念。

## 二、对分课堂可以促进通识教育目的的达成

### 1. 传递知识

丰富学生知识架构，通过重点生物技术的讲授，达成学生获取重点知识的目的。

2. 培养学习能力

以当堂对分课堂为例，学生因为要准备参与小组讨论，在教师讲课阶段必须带着“头脑”听课，培养良好的听课习惯。内化吸收过程提升自学能力、思辨能力，增强创新意识。讨论阶段锻炼学生的表达思想、整合信息的能力。根据以往的经验，学生第二次发言表达更完整（我们组讨论的结果是……，还存在的问题有……），提升了责任意识。隔堂对分课堂要求第一节课就开始小组讨论，学生基本不迟到（前面关于迟到，笔者解释了为什么不要迟到，因为既耽误了自己的讨论参与，又影响了组内其他学生的讨论）。

3. 培养素质

良好的沟通能力、合作意识、倾听能力、表达个人观点的能力、整合信息能力是优秀人才不可或缺的素质。在对分课堂中，学生的小组讨论和全班交流时小组代表发言的过程，无疑是良好的锻炼机会。一个学期的锻炼足以让学生发生可以感觉到的或可见的变化。例如，笔者发现，小组代表阐述观点时表情更加自如，语句也愈发流畅；自由提问环节，学生更加主动，对其他学生问题的回应也逐渐增多。

4. 促进思考

学生的专业背景不同，在充分讨论、交流对某些问题的观点时，可能会碰撞出思想的火花，这有利于促进学生的思考。

# 第八章

# “改变生活的生物技术”对分课堂的实践案例

本章主要介绍在“改变生活的生物技术”中实践对分课堂的情况。因为按照惯例，一般的选修课程不会有课后作业，也多没有固定的教材，所以在本次对分课堂实践中根据课堂情况和学生反馈也经历了一些调整，比如，没有作业的当堂对分课堂模式、传统模式、隔堂对分的典型对分课堂模式。以下将根据本次实践的实际情况和读者交流，也方便读者在以后的教学中根据学生学习情况及时调整教学策略。此外，由于第三章和第五章中已经有详细的对分课堂实施步骤，所以本章更突出以知识点为基础的案例分享。

## 第一节　教 学 准 备

### 一、教学大纲

在以往教学大纲的基础上，增加了“部分教学内容采用对分课堂教学模式”的说明。

### 二、教学内容

与以往教学内容基本一致，只是在“生命卫士”一章中补充了最新的单克隆抗体研究和应用的新进展——抗 PD1、PD-L1 抗体和嵌合抗原受体 T 细胞（CAR-T）在治疗肿瘤中的应用。

### 三、准备教材——纸质版 PPT

因为本门课程还没有纸质版专用教材，只有参考书[①]，所以为了让学生在对分课堂的听课、讨论中有“本”可依，笔者将第一课学生用 PPT 打印，人手一份。

本学期教学过程中，教师在课前 3 天上传新课件，并要求学生提前打印，上课时带来作为教材使用，还可以作为备用笔记本。

## 第二节　教 学 实 施

### 一、第一堂课——45 分钟的当堂对分实践

#### 1. 采用当堂对分的理由

第一堂课的内容是绪论，笔者照例介绍了课程基本情况，还简

① [德]莱茵哈德·伦内贝格. 生物技术入门[M]. 杨毅，陈慧，王健美译. 北京：科学出版社，2009。

单介绍了对分课堂的基本情况。事实证明，过于简单的介绍不能让学生明白改变教学模式的重要性和意义，学期末有学生建议教师在实践伊始最好将教学模式改变的重要性讲清楚，这样可以得到学生们认可。因为学生能够分清教师的目的，他们基本上是向学的。

考虑到非专业选修课的特点，笔者担心隔堂对分会给学生带来课后负担太重，所以先采用当堂对分，让学生逐渐地适应。

2. 对分课堂环节

因为是第一次课，所以前一个课时（45 分钟）主要用于课前准备（包括发放讲义，指定座位，就近结成 4 人学习小组，并固定座位，建立微信群）、课程介绍和对分课堂介绍。第二个课时（45 分钟）中采用当堂对分，具体环节如下。

（1）授课

授课时间 30 分钟，包括生物技术主要发展史及在生活中方方面面的作用。

（2）内化吸收

内化吸收时间 5 分钟，学生看讲义，理解授课的内容并提出问题。

（3）讨论

讨论环节 11 分钟，包括小组讨论 5 分钟、全班内交流 5 分钟、教师总结 1 分钟。

因为时间关系，小组交流只抽取 2 组学生代表交流本组的讨论情况。主要汇报本组刚才讨论中解决了哪些问题，还存在的疑问有哪些。没有机会交流的小组将问题发到微信群，供大家讨论。

3. 对分课堂总结

一堂45分钟的对分课堂后，笔者发现以下几方面需要在下节课中改进：①讲授时间偏长，内容及语言还要再精练；②全班交流阶段，教师总评少，最好给予个人或小组一些鼓励，创造一个轻松的讨论氛围；③教师缺少对问题的引导。因为第一次讨论，学生往往没有方向，被抽到发言的小组没有准备好。教师可以事先准备1～2个有关问题，提示大家去思考。当然也发现参与交流的2个小组提出了很好的问题，在思路上环环相扣。

## 二、第二堂课——90分钟的当堂对分实践

本次课程内容是“美食中的生物技术”，还是采用当堂对分形式，但由于内容较多，是常规90分钟的内容，另外也针对上一次45分钟的对分课堂中讨论时间较少的情况，本次教学过程采用90分钟的当堂对分。

1. 教学安排

1）反馈上次讨论后遗留的问题，5分钟；

2）讲授新课40分钟，课间休息；

3）继续讲授新课10分钟；

4）内化吸收10分钟；

5）讨论阶段25分钟，包括小组交流10分钟、全班交流10分钟、教师总结5分钟。

2. 对分课堂总结

90 分钟的对分课堂气氛更活跃，讨论问题更多。90 分钟的对分课堂较 45 分钟的对分课堂而言讨论时间宽裕一些，学生们小组讨论时气氛更活跃，全班交流时学生代表的发言也大有进步，能够清晰地表述本组刚刚讨论了哪些问题，还存在什么疑问。与此同时还出现了其他小组主动对有些问题表述意见，并就此总结自己小组讨论结果的组间衔接现象。因为是美食中的生物技术，大家更感兴趣，比如，“生啤、熟啤的区别”“牛奶变质的过程”“白酒与啤酒酿造原理是一样吗？”“酒的质量好坏是不是与原材料和酿造条件有关？还有什么因素？”等。同样，没有机会交流的小组将问题发到微信群，供大家讨论。

## 三、第三堂课——90 分钟的当堂对分实践及学生的认可度调查

本次内容是“洗衣粉、嫩肉粉、化妆品中的奥秘分子——酶”。本次课延续采用 90 分钟的当堂对分。

1. 上课过程

1）反馈上一次课后的解答的共性问题。

2）讲课和讨论环节与第二次课基本一致。

2. 学生的认可度调查

三节课后，通过简单问卷的方式对以下问题进行无记名调查，

及时了解学生对当堂对分的感受及愿意采用的课堂形式，为后面的课堂教学提供参考。问题有以下几点。

1）“当堂对分”组织形式：“讲授—内化—讨论”的优点有哪些？

2）该组织形式的不足之处有哪些？

3）改进的建议是什么？

4）选择课堂形式（　）。

A. 当堂对分　　　　B. 讲授为主

3. 问卷调查结果

上述第 4 个问题的统计结果显示，半数学生选择“当堂对分”，半数学生选择“讲授为主”。笔者进一步整理了学生对前三个问题的回答，从中可以了解学生选择课堂形式的原因及建议。

4. 学生选择“讲授为主”的原因

学生们认为，刚刚讲完的知识还没有消化，没有东西讨论；讨论浪费时间，讲课内容减少，讲不完正课；毕竟是一门以科普为主的课程，不知道有什么可以讨论的，找不到关键问题；时间太短，有学生“为讨论而发言”；参与度不够，有的学生不积极讨论；没时间看一些小视频之类的丰富课堂；讲课时间和讨论时间都比较匆忙；提问后得不到及时解答，没有实质性的帮助；老师为了留出讨论时间而赶进度，讲得太快；对讨论时间把握不好，会拖延课堂时间。

5. 学生选择当堂对分的原因

学习分为“输入”与“输出”，课上讨论可以以“输出”方式强化理解；讨论促使大家思考；更好地掌握学习的知识，易于消化吸收；参与度高，互动较多，师生交流多，使课堂变得生动有趣；集思广益，开阔了学生的思路；学习效率比单纯讲授好；避免了“问题留过夜”的现象；为学生提供更多的交流机会；激发学生主动学习，自主思考，提高学生学习的积极性；讨论可以反映出每个学生的不足，也可以让学生之间取长补短。

6. 学生提出的改进建议

无论选择哪种课堂模式，学生都对这三周的授课情况给出中肯的改进建议。

希望教师给出1～2个待选的讨论内容或思考题；讲授多一点；放慢讲课速度，中间穿插一些互动；PPT中最好有一些延伸内容，如小故事，与生活的事例结合；突出每节课的重点；对于问题能够及时解答；可以利用网络在课后提问题，增加微信群上的课后讨论；不必每节课都采用对分课堂模式，可以以讲授为主，当堂对分为辅，可以在某些特别的知识点上组织讨论；缩短讨论时间，增加思考时间；增加讨论时间，每次抽取到1～2组分享问题并讨论即可，其他学生可以补充回答。

## 四、教师分析及教学调整

笔者进一步对学生选择“讲授为主”还是“当堂对分”教学模式后发现，学生对通识课程和课堂教学的认识还存在一些误区或惯性，比如：①认为本门通识课程还是科普为主的课程；②认为教师讲课才是课堂学习的主旋律，才是“正课”，讨论是在浪费时间；③需要一些小故事、小视频来丰富课堂之类的教学技巧等。学生存在这样的认识是非常正常的，因为通识教育还处于初级阶段，对通识教育理念的深化理解（从注重知识“宽度”的培养，变为注重“方法论和能力”的培养）也不过伊始于 2016 年年初的事情。学生还没有充分接触或深入理解，但是作为教师则必须知道、理解并贯穿于教学过程之中。

同时，我们不难发现，短短的 3 次对分课堂实践，学生已经感觉到一些课堂教学模式改变后的优点，如促进学生思考和自主思考，激发学生主动学习，提高学习效率，还有通过“输出”方式的学习，强化理解等。

针对学生们反馈情况和后面的课程内容，笔者做出如下调整。

### 1. 部分内容以讲授为主，部分内容采用隔堂对分

尊重 1∶1 的选择结果、改进建议，并根据后面的教学内容，在和全班交流了以往学生（微生物学课程）在对分课堂的收获后，大家达成一致意见：部分内容以讲授为主，部分内容采用隔堂对分。比如，第 4 章内容是“DNA 鉴定技术的过去、现在和将来”，涉及 DNA 的分子基础、具体鉴定技术的原理等专业性比较强的知识，对非专业学生来说有一定难度，讨论的难度加大。所以，这部分内容采用“讲授为主”，并且补充了“教师课堂总结本次课的重点、难点，提出一个问题，学生们课后思考，下次课交流”的内容。第 5 章、第 8 章、第 10 章的“细胞工厂”“克隆技术”“生命卫士”等内容，学生日常了解较多，无论是内容广度还是深度都比较适合讨

论，所以采用隔堂对分。隔堂对分要求学生写读书笔记和作业，并计入平时成绩，即总成绩的10%。

2. 二次备课，提炼课堂授课内容，准备对分课堂授课专用课件

根据学生反映教师的讲授速度快、讨论时间少且难于控制等问题，笔者在此原有课件的基础上做了大幅度的修改，精心制作了对分课堂教师课件，而原有课件作为“教材”发给学生。讲授专用课件的变化主要是精简辅助内容，凸显重点和难点，如“细胞工厂”部分 PPT 从 130 张减到 80 张，每次课（90 分钟）只需要讲授 40 张 PPT。课堂上尽量用精练的语言突出生物技术发展的过程，每一个代表性的细胞工厂的优缺点、技术改进的必要性和代表性产品。在勾勒出细胞作为最优秀的工厂，作为身边的生物技术对人类生活产生巨大影响及发展前景的同时，也重点讲解了细胞工厂的原理和应用。

精练的 PPT 和精练的讲授语言既完成了课程内容，又节省了时间，将时间还给学生，用于有效的学习过程。

在学期结束，笔者又对隔堂对分教学情况进行了更详细的调查，学生反馈及问卷分析见第九章。

3. 加强微信群讨论功能和助教的作用

之前学生们也很乐于在群里发表看法，并建议增强这一功能。因此，每次讨论后，学生会将遗留的问题发到微信群里，不仅鼓励学生之间互答，教师和助教也尽量在第一时间对学生的问题给予回应。助教还会将作业中学生提到的问题和微信群中讨论的问题整理出来，放到网上供学生选看，助教也会查阅一些辅助文献供学生参考。

## 第三节　隔堂对分中备课和授课案例

生物技术的发展源于人类生活的需要，不断发展的生物技术反过来又让人类的生活越来越美好。在古老的历史长河中，使人类收益最多、无数次挽救人类生命的关键生物技术之一非疫苗莫属，而现代社会对肿瘤和癌症的治疗则更多寄希望于抗体技术，尤其是单克隆抗体技术的发展。下面以“生命卫士——疫苗与抗体技术”一节为例，介绍备课阶段及授课案例。

### 一、备课阶段

为了更好地组织对分课堂，做到“精练讲授，还时间于学生”，备课阶段教师需要改变以往传统课堂的备课模式。

1. 对分课堂与传统课堂的备课区别

传统课堂备课的特点在于：①准备的内容多；②讲授的时间长，几乎占据全部课堂时间；③讲课内容细而全，与提供给学生的 PPT 或参考教材内容几乎完全一致。

对分课堂备课的特点在于：①准备的内容少而精，突出重点、难点；②讲授时间缩短，用原来课堂的 1/2 或 2/3 的时间；③讲解内容是经过教师从教材或给学生的 PPT 中提炼而成的，更注重重点和难点知识的讲解，注重逻辑思维的训练，注重帮助学生知识架构的重建。常识性的内容留给学生自己阅读。

二者相比，传统课堂忽略了学生自主获取知识的能力。在备课过程中，教师试图将教材或所有与知识点有关的内容都涵盖在 PPT 中，并在授课过程中，教师尽力将所有的 PPT“读完”。其结果是教师一节课“口若悬河”，学生一节课“无精打采”，教师以讲完全部内容而完美收官，学生以上课内容在 PPT 或教材中都有而心安理得。

而对分课堂认可学生自主获取知识的能力并有意识地培养学生。教师不是简单地复述 PPT 或教材的内容，而是需要提炼出本领域学生要掌握的知识点，并串成线，甚至与其他内容连成面，同时贯穿思维能力的训练和科学素养的培养。

### 2. 本次备课的调整

具体到本次课程，笔者对以前的课件进行了大幅度的调整。①在教师版对分课堂课件中，减少了渲染性、提神作用的内容及图片。增加了与非法疫苗案件有关的系列新闻追踪分析，引导学生如何根据科学知识，理性和辩证地看待具体事件。②在给学生的课件中补充了更多关于抗体研究的免疫学基本理论（图 8-1）、本领域的最新发展（单克隆抗体在肿瘤治疗中的应用）和生活案例等。

课件中还特别增加了六个问题，以问题开篇，体现本节内容的教学目标。

1）你了解哪些疫苗？（问题引入——几种代表性疫苗的发现）

2）疫苗是怎么起作用的？（掌握基本知识：疫苗的概念和免疫学基本原理）

3）你怎样看待非法疫苗案件?（培养理性思维）

4）你了解哪些疾病可以用抗体治疗？（问题引入，介绍抗体研究发展史，图 8-1）

5）什么时候需要抗体？（运用知识解决问题的能力——抗体与疫苗的区别）

6）你对魏则西事件的看法?（辩证分析能力——最新免疫疗法的前景与现实）

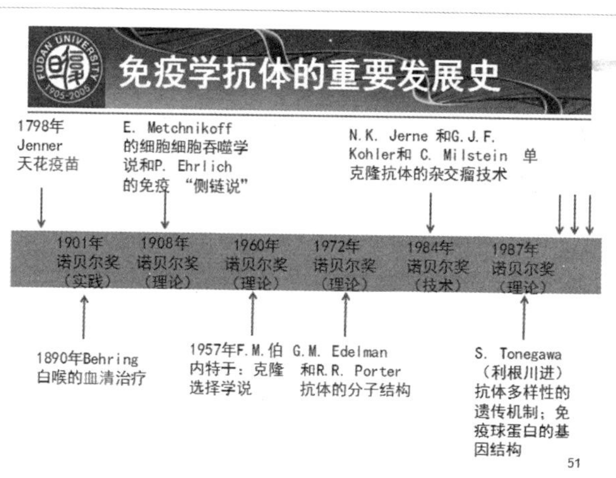


图 8-1　免疫学抗体的重要发展史

3. 授课内容

本节内容分为三个部分，重点内容以粗体标出。

（1）**免疫系统、抗原、抗体的基本概念**

强大的人体免疫系统；

**抗原与抗体（重点内容）**；

**机体免疫应答过程（重点内容）**。

（2）**疫苗的发现及应用现状**

疫苗的概念及**疫苗引起的免疫应答（重点内容）**；

**疫苗的分类和安全性（重点内容）**；

人类历史上第一种疫苗——牛痘疫苗；

第一种基因工程疫苗——乙肝疫苗；

第一种癌症疫苗——宫颈癌疫苗；

人畜共患病的疫苗。

（3）**抗体的发展及前景**

抗血清的发现和使用；

抗体研究发展史；

**单克隆抗体技术（重点内容）**；

抗体药物及**基因工程抗体（重点内容）**。

## 二、授课案例

以疫苗的分类和安全性为例，分析如何根据掌握的知识进行辩证思维。

1. 引入案例

济南破获了一起涉案价值达5.7亿元的非法经营人用疫苗案（新华社，2016年02月24日）。

在这一报道中，请学生们关注以下文字：警方查明，自2011年以来，在未获取任何药品经营许可的情况下，两名犯罪嫌疑人在网上联系国内10余个省市的100余名医药公司业务员或疫苗非法经营人员，购入防治乙脑、狂犬病、流感等病毒的25种人用二类疫苗或生物制品，加价销售给全国各地300余名疫苗非法经营人员或少量疾控部门基层站点，涉案价值达5.7亿多元。

经食药监管部门核查，庞某某及其女儿经营的疫苗及生物制品虽为正规厂家生产，但由于未按照国家相关法律规定运输、保存，脱离了2～8℃的恒温冷链，已难以保证其品质和使用效果，注射后甚至可能产生副作用。

2. 捕捉重点信息

从中可以得到以下信息：①所谓非法疫苗是25种人用二类疫苗或生物制品；②所经营的疫苗及生物制品均为正规厂家生产，但未按照国家相关法律规定运输、保存，脱离了2～8℃的恒温冷链；③难以保证药物的品质和使用效果，注射后甚至可能产生副作用。

3. 引导学生提出问题

①二类疫苗是哪些疫苗？一类疫苗又指哪些？②离开2～8℃的恒温冷链，是否安全有效？会有危害吗？③民众是否可以自行决定接种疫苗？

4. 教师总结

在短暂的思考之后，教师给出与之相关的知识。

（1）疫苗分为一类疫苗和二类疫苗

第一类疫苗是纳入国家免疫规划的疫苗，属于免费疫苗，包括乙肝疫苗、卡介疫苗、脊髓灰质炎减毒活疫苗、无细胞百白破联合疫苗、白破疫苗、麻风疫苗、麻腮风疫苗、甲肝减毒活疫苗、A 群流脑疫苗、A+C 群流脑疫苗和乙脑减毒活疫苗 11 种针对适龄儿童的疫苗，此外，还包括对重点人群接种的出血热疫苗和应急接种的炭疽疫苗、钩体疫苗。

第二类疫苗是指由公民自费并且自愿受种的其他疫苗，与一类疫苗同类的精制品或进口品属自费疫苗范畴，主要包括狂犬疫苗、流感疫苗、水痘疫苗、肺炎疫苗、口服轮状病毒疫苗、成人麻风腮疫苗、流脑 A+C 疫苗等。

（2）脱离冷链的疫苗是否安全有效

国家食品药品监督管理总局指出，从法律层面讲，疫苗必须在冷链条件下运输储存，脱离冷链条件进行运输储存，是严重的违法行为，行为本身是不可容忍的。从科学层面讲，疫苗短期内脱离冷链一般不会产生安全性和有效性的问题。这有赖于疫苗在上市前要经过苛刻的稳定性试验和挑战试验。稳定性试验，即一种疫苗在批准上市前，要经过长期稳定性试验来确定疫苗的有效期。按有关技术的要求，在稳定性试验要求的基础上至少要减掉 6 个月，才能作为疫苗的有效期。比如，一个药物说明书上规定有效期为 2 年，实际经稳定性试验验证的时间一定要超过 2.5 年。挑战试验，是一种在极端条件下的热稳定性试验，将不同的疫苗，在 37℃高温条件下放置 1～4 周。如果储存 1～4 周，疫苗质量符合标准，才可以出厂。

（3）民众不可以擅自决定不接种疫苗

世界卫生组织发布一篇科普文章，批驳了关于疫苗接种的十大传言。

传言一：改善个人卫生和环境卫生就能远离疾病，没有必要进行接种疫苗。

传言二：疫苗尚有不为人知的若干具有危害性的长期副作用，疫苗接种甚至可致人死亡。

传言三：预防白喉、破伤风和百日咳的联合疫苗和预防脊髓灰质炎的疫苗会导致新生儿猝死综合征。

传言四：疫苗可预防疾病在我所在的国家几乎已经消灭，所以不必再进行疫苗接种。

传言五：一些疫苗可预防的儿童疾病是人生中不幸但难免的现象。

传言六：儿童一次接种一种以上的疫苗会增大有害副作用的风险，并会使儿童的免疫系统负担过重。

传言七：流感只是麻烦而已，而且疫苗也不见得很有效。

传言八：通过疾病获得免疫比通过疫苗获得好。

传言九：疫苗含有汞，非常危险。

传言十：疫苗会导致自闭症。

这段学习既能够让学生认识科学的重要性，也不会被错误的“新闻标题”所误导。

## 第四节　隔堂对分中讨论环节案例

对分课堂教学模式体现了“以学习者为中心”的教学理念，通过内化吸收和讨论环节，调动了学生的学习兴趣。这一点在讨论环节得以充分体现。下面以一堂课中学生在讨论环节的发言实录为例，展示对分课堂中学生们的学习兴趣。

生物技术的快速发展加快了生物医药的诞生。1973 年，美国遗传学家 Stanley N. Cohen 和 Herbert Boyer 利用限制性内切酶和连接酶构建了带有 2 种不同抗性（四环素+卡那霉素）的质粒（小的环形 DNA）。从而建立了基因工程“切—接—转—增—检”的标准流程。他们将爪蟾的 DNA 用内切酶剪切后连接到质粒，再将质粒转入大肠杆菌中，使大肠杆菌具有了爪蟾的 DNA，实现了第一个跨物种的基因工程实验。自 1978 年诞生了大肠杆菌生产的第一种基因工程药物——人胰岛素（Humulin），陆续发展了酵母细胞、哺乳动物细胞、植物细胞的细胞工厂，生产出人生长激素、促红细胞生成素、抗癌药物紫杉醇等。了解这些改变生活的生物技术，有助于学生将身边的科学知识纳入已有的知识架构，完成知识重构过程。

克隆技术是自 1997 年以来重新进入公众视野的生物技术，2007 年诺贝尔生理或医学奖颁给为“胚胎干细胞和基因改造”做出重大贡献的科学家，更是给生物医药产业带来了重大影响。胚胎干细胞、基因打靶、体细胞克隆三个体系互相支持，形成了一个完整的技术平台，为生物技术发展提供了新的思路和手段。虽然克隆技术的原理很容易理解，但是近年来克隆技术的快速发展伴随着伦理问题的讨论逐渐进入人们的生活，我们难以判断克隆技术是否是一个生物技术发展的“潘多拉魔盒”。授课结束后，学生经过课后思考，提出问题，在课堂上展开讨论。

## 一、课堂讨论阶段

1. 小组讨论

小组讨论，时间为 12 分钟。这是第三次隔堂讨论，学生们已经非常适应这一环节，一改之前的扭捏、放不开的状态，很快就进入热烈而自由的讨论，气氛非常好，丝毫没有因为不交作业而致使讨论的懈怠，反而还讨论之前一次课的问题。可见，学生非常喜欢通过讨论来学习的过程。本来预定 10 分钟的讨论，延长到 12 分钟。

2. 全班交流

全班交流，时间 20 分钟。教师随机请 2 位学生代表，总结他们小组的讨论情况。本节课的全班交流也是空前热烈的。虽然只请 2 位学生发言，但是其他学生积极参与，并引申出了很多的问题。本次交流中共有 11 位学生发言，因时间关系将有些问题放在课后讨论。以下是对这 2 个问题的讨论。

### 问题 1：关于生长激素

**学生 1：**上次课讲到生长激素被滥用为兴奋剂，请问短时间内会有什么样的效果？

**学生 2：**我从网上查到：生长激素的主要生理功能是促进神经组织以外的所有其他组织生长，促进机体合成代谢和蛋白质合成，促进脂肪分解，对胰岛素有拮抗作用，抑制葡萄糖利用而使血糖升高等作用。一般而言，机体先利用最容易利用的能源，依次是葡萄糖、蛋白质、脂肪。而生长激素的生理功能恰恰与此相反，那短期内如何作为兴奋剂呢？

**学生 3：**我有一个引申的问题——生长激素分泌不足导致侏儒症，但侏儒症智力正常；生长激素分泌过量导致巨人症，但巨人症患者智力偏低，为什么？

**学生 4：**我认为巨人症身高太高，血液循环系统压力大，最高的头部会因为血液供应不足而影响智力发育。

**学生 3：**我想问生长激素为什么不能促进神经组织发育？

**学生 5：**因为激素的作用是有条件的，比如，要通过相应的受体，不一定所有的组织或细胞都有某一种激素的受体。再者，生长激素只是一个命名或名称，不一定会促进所有的组织或细胞。

**学生 7：**科学家为什么会想到从牛垂体中提取生长激素？

……

## 问题 2：关于克隆技术

**学生 1：**第一只克隆羊——多莉表现出早衰的现象，是因为染色体的端粒大大缩短，请问比较的对象是谁？

**学生 2：**我认为应该和同龄羊比较，如多莉三岁时，应该与正常出生的三岁羊比较。

**学生 3：**我有一个引申的问题，既然克隆动物的年龄与染色体年龄有关，那么选择什么阶段的体细胞克隆更好？

**学生 4：**应该越早越好，如脐带血细胞。

**学生 5：**再引申一个问题：父母年龄大了，生育的孩子是不是不好，会早衰吗？

**学生 6：**那要看性细胞（精子和卵子）会不会早衰？

**学生 7：**分裂越旺盛的细胞，端粒酶活性越高，端粒缩短得越少。

**学生 8：**我查了文献说，性细胞中端粒酶活性高。

**学生 9：**在克隆时，是否可以有办法激活端粒酶？

**学生 10：**植物克隆有快速衰老的现象吗？如果有，我们可以克隆名贵的百年树木，然后使之快速成材。

**学生 11：**我不同意你的观点。第一，百年树木更多考虑的是文化意义，不是作为木材。第二，木材不是越老越好，是在一定的阶段才最有使用价值，很老的树是空心的。

……

3. 教师总结

教师总结 3 分钟。今天虽然不要求交作业，但是大家对问题的准备和思考非常深入，小组讨论和全班交流氛围都特别好。关于生长激素的问题，早在李卓皓以前就知道脑垂体分泌一些物质对人的生长发育有作用，李卓皓及其助手从中分离到一些蛋白质激素，包括促肾上腺皮质激素、生长激素。同时他还发现牛或猪的促肾上腺皮质激素对人类是有效的，而这类动物的生长激素对人类则无效。所以，李卓浩在 1956 年分离出人类生长激素，并证明其结构同所检验的其他激素差别很大。人类生长激素由 256 种氨基酸组成，它比其他任何脑垂体激素都复杂。这里我们也可以看出生长激素的种属特异性。

关于生长激素的作用主要有三个方面：①通过生长素介质间接刺激软骨生长，在青少年时期促进长骨生长，是众多促生长因子中最关键的因素之一；②通过生长素介质间接刺激生殖系统、消化系统、造血功能以及肌肉生长；③能间接影响糖、脂肪和蛋白质等物质的代谢。正是生长激素有增加瘦体重（肌肉粗大）、提高肌肉的爆发力及减少体脂的作用，使得中、短距离和力量项目方面的运动员为了提高成绩而滥用，但是长期服用超剂量生长激素会给人体带来诸如巨人症、关节疼痛、肌病、糖尿病、心血管疾病等副作用。所以，刚才学生提的问题非常得当：生长激素怎样在短期起到作用？应该说服用生长激素短期内是不会有明显效果的，这一点与促红细胞生成素（EPO）不一样。

生长激素分泌过剩一般不怎么影响智力，就是影响寿命。因为各脏器的压力太大，尤其是心脏负担最大。侏儒症是生长期生长激素缺乏导致身高过低，一般智力也不受什么影响，但有一种地方性克汀病（俗称呆小病），为幼年甲状腺激素缺乏，身材矮小，智力低下。

关于克隆问题，根据染色体长短与衰老的关系，体细胞克隆采用分裂次数越少的细胞越好，也就是越年轻的个体体细胞作为克隆供体越好。学生提到的“激活端粒酶”是很不错的想法。近年来在人类生殖细胞，造血干细胞和 95%癌细胞中均发现端粒酶的存在，最近已经克隆了编码四膜虫端粒酶两条多肽链的基因，以及编码人和小鼠端粒酶 RNA 组分的基因。相信这些新的研究进展将有利于揭示细胞衰老机制，为抗衰老的研究打下基础，有望实现人工延长寿命。

关于其他的问题我们课后再通过微信群讨论。请大家将问题发送到微信群中。

## 二、课后微信群讨论

对于课堂没有解决的问题转移到课后的微信群中，学生、教师和助教可以在此讨论。图 8-2、图 8-3 是课后微信群讨论的部分问题。

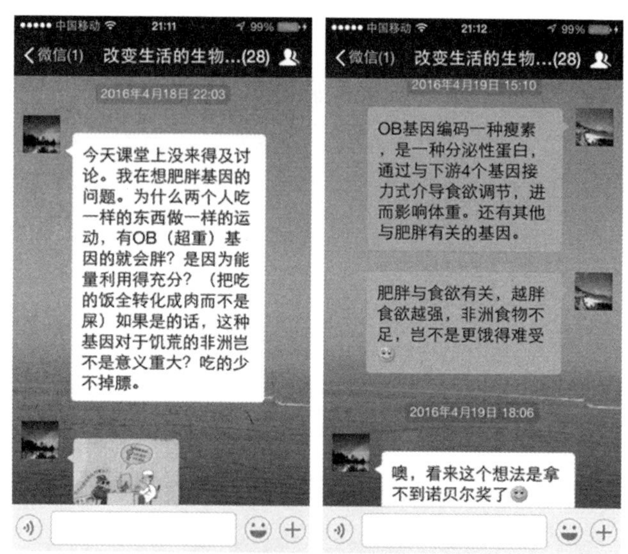


图 8-2　课后微信群讨论的部分问题 1

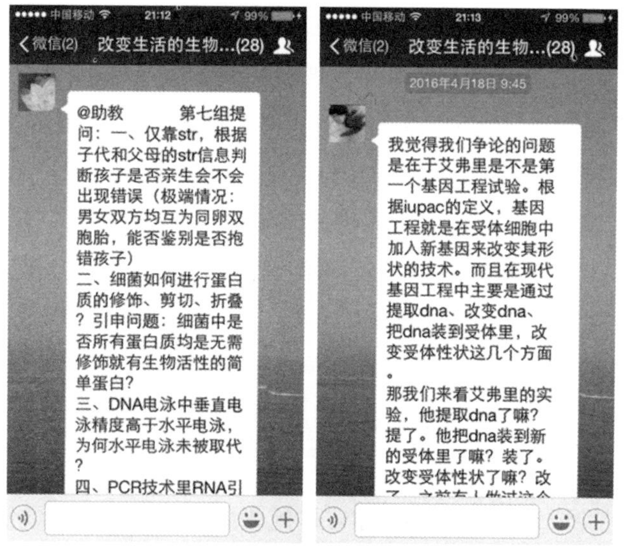


图 8-3　课后微信群讨论的部分问题 2

## 三、隔堂对分作业展示

隔堂对分给学生更多的知识内化时间，所以讨论之前学生要认真完成作业。图 8-4～图 8-8 是几份学生作业。

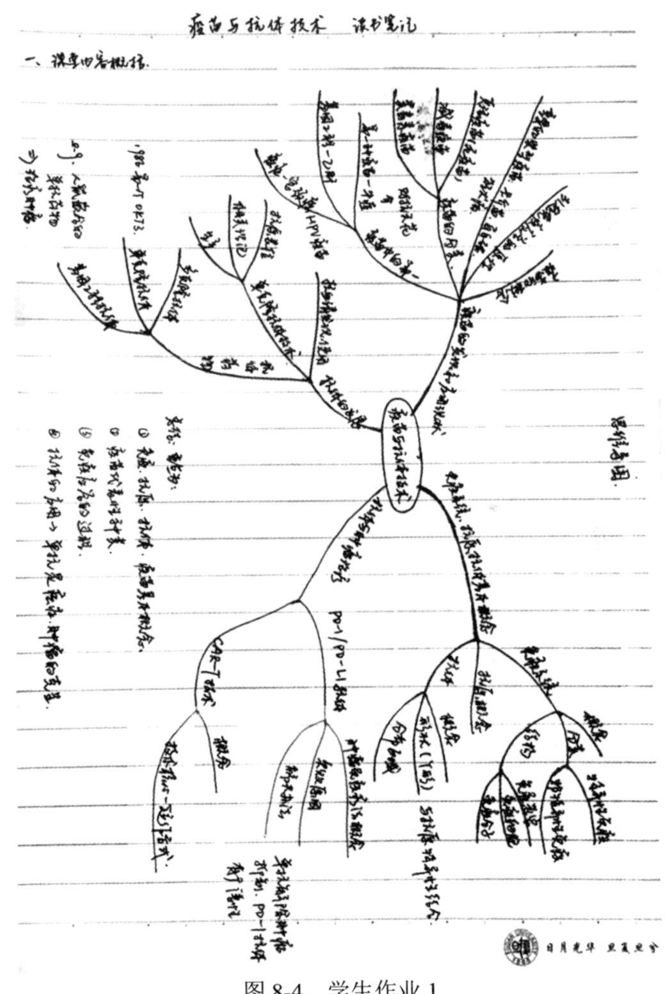


图 8-4　学生作业 1

《改变生活的生物技术》课程读书笔记

DNA鉴定技术介绍

廖雅欣 15307100109 经济管理试验班

①

复旦大学
FUDAN UNIVERSITY 1905
地 址：中国上海市邯郸路220号
邮 编：200433 电话：65642222(查询)

一、课堂知识脉络梳理

1. 生命的螺旋——DNA

① 人类对DNA是遗传物质认知的历程：1928年Griffith的肺炎双球菌转化实验→1944年Avery的体外转化实验→1952年Hershey和Chase的噬菌体转化实验→1969年诺奖授予三位发现了病毒的复制机制和基本结构的科学家→1953年沃森与克里克提出DNA的结构和自我复制机制，标志着分子生物学时代的开端。

② DNA的基础介绍：(i) 一个人类体细胞中的DNA含有30亿个碱基对，经过4级折叠后包装成为高度凝聚的染色体形式；(ii) 一个细胞或生物体所携带的一套完整的单倍体DNA序列称为基因组，人类基因组共性为99.9%；(iii) 遗传(基因)多态性是指在一个生物群体中，同时和经常存在两种或者多种不连续的变异型或基因型或等位基因。人类的遗传多态性分为长度多态性和位点多态性两类。

2. DNA鉴定技术的发展与应用(重难点)

① 小卫星分析：基于长度多态性分析，诞生DNA指纹分析。

(i) 小卫星DNA，又称可变数目串联重复(VNTR)，由15～65bp的基本单位串联而成，其重复次数在群体中高度变异。在未发生重组的情况下，子代某个座位的小卫星DNA的长度一半与父亲相同，一半与母亲相同。

(ii) 用限制性片段长度多态性(RFLP)检测VNTR：DNA序列中发生酶切位点变异，进而导致酶切后DNA片段长度发生变化。

(iii) 利用VNTR的DNA指纹图谱：限制性内切酶切割基因组后，因重复序列的数量不同产生了几百万个不同大小的DNA片段，将酶切片段进行跑胶，DNA片段因大小不同而移动速度不同，将放射性同位素标记与含有VNTR的重复序列的DNA杂交，自显影，X片上曝光后即出现大小不同的条带，每个条带对应了含有不同VNTR重复序列的位置。DNA指纹图谱可用于亲子鉴定，用于刑事案件中的个体甄别。

② 微卫星分析：基于长度多态性分析，引入PCR技术，广泛用于司法鉴定。

图 8-5 学生作业 2

DATE

亮闪闪：对青霉素从无到有，从少数人的福利到几乎人人都可以消费的起的整个历程尤其印象深刻。青霉素的发现虽然有很多的巧合，但更重要的是科学家对各种现象的敏感性以及探索其本源的心。一项技术的工业化和产业化对人类意义非凡，科学家毫不吝啬贡献自己的智慧的精神值得我们推崇。

考考你：1.青霉素通过抑制细菌细胞壁的肽聚糖的合成达到杀死细菌的目的。但一些菌株产生的酶可以将青霉素分解，所以青霉素并非对所有的细菌都有杀灭作用。

2.细胞工厂有某一整套行之有效的运行调控机制，如果对这套机制有更透彻的了解，那我们就可以把它变成可以为我们所利用可以产生我们所需物质的工厂。

帮帮我：1.通过对DNA的检测可以了解一个人可能发生哪些疾病，比如著名影星安吉莉娜·朱莉家族有乳腺癌遗传病史，她就通过切除乳腺以避免癌症的发生，那还有哪些疾病是可以通过提早采取措施避免的？哪些疾病提前采取措施但是无法避免？

额外

2.很多人现在都有口服维生素C，那么额外的口服真的有作用吗？有没有这方面的相关研究？维生素C除了可以避免坏血病，还有其它已证实的作用吗？

可查到

图 8-6　学生作业 3

# 復旦大學

## ________ 实验报告

姓名________ 专业________ 年级________ 班________ 组________ 日期________ 评阅人________

实验记录：

二次免疫

刺激

抗原

↓进入血液

吞噬细胞(摄取处理)

↓呈递抗原

T细胞

↓淋巴因子

B细胞

直接刺激

二次免疫

记忆细胞

靶细胞 + 效应T细胞

增殖分化

靶细胞裂解

抗原暴露

效应B细胞(浆细胞)

记忆细胞

↓产生

抗体

→特异性结合

抗原

吞噬细胞吞噬消化

细胞免疫

体液免疫

二次免疫

二、疫苗

1. 概念：用细菌、病毒、肿瘤细胞等制成的可使机体产生特异性免疫的生物制剂。

2. 引起的免疫应答：疫苗含与引起疾病相似成分(抗原)激发免疫细胞识别并消除该物质，形成应答记忆。当该病原再次进入人体时，被二次免疫很快消除。

3. 用途： 预防疾病。

4. 牛痘与天花

18世纪70年代 Edmond Jenner 发现牛痘 ⟶ 1976年接种一个男孩成功 ⟶ 1958 世卫组织宣布：以牛痘为武器，消灭天花 ⟶ 1980年5月8日 全球消灭天花。

5. 分类

- 常规疫苗(灭活、减毒疫苗)：霍乱疫苗，卡介苗、脊髓灰质炎疫苗
- 类毒素疫苗(灭活病原体释放的毒素)破伤风杆菌疫苗
- 基因工程疫苗(DNA重组等技术)乙肝疫苗，重组HPV疫苗(全球首例癌症疫苗)
- DNA疫苗 (将编码蛋白抗原的基因片段注射) 安全、有效、简单

2

图 8-7　学生作业 4

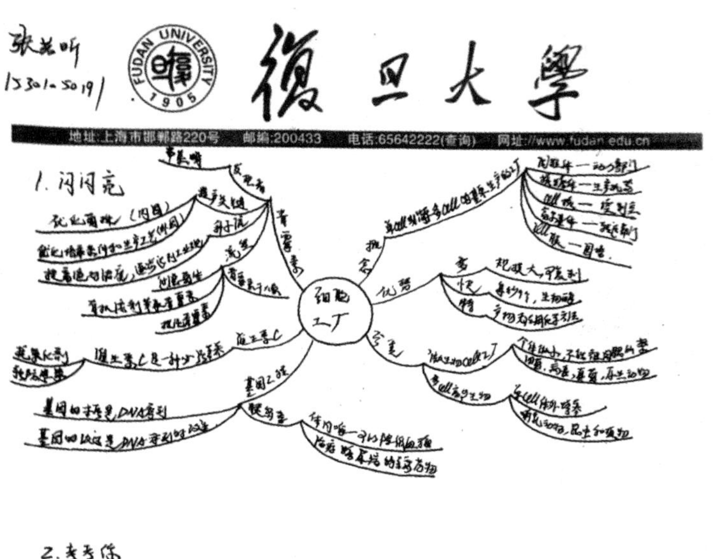


2. 考考你

① 种子液的原理是什么?

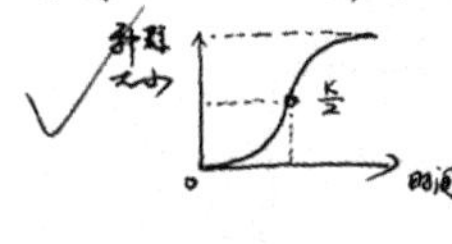


在K/2时种群增长最快，故种子液采用反复接种方法可以最快速达到工业规模浓度.

② 高等生物细胞工厂是什么?

如果高等生物细胞工厂的话，就必须以单cell的方式在生物体外进行培养.
高等生物cell工厂主要来源于哺乳动物，昆虫和植物.

3. 帮帮我.

① 可改造Erwinia菌，将另一个酶引入此菌.

① 为什么在提取青霉素时一定要将菌体去除掉?(工厂里可以采不用过滤工作) P30

② 对于两种菌(Erwinia和Corynebacterium)(PPT第48页)的基因工程是怎么做?

以一种为主体，植入另一个的基因.

③ 无菌的菌体如何去除.

② 也可以人工改造大肠杆菌：将来自2种菌的4种菌基因导入E.coli中.

图 8-8　学生作业 5

# 第五节 本次课程的教学反思

通识课程即便是选修课也离不开通识教育的目标，通识课程不是“放水课”，也不是“营养学分”。本次教学，笔者改变前 2 年的教学方法（虽然学生评价也很好），希望做到真正意义的教与学，在实践过程中发现很多课堂变化值得思考、总结，在此与读者共享。

## 一、当堂对分和隔堂对分都能够调动学生听课的积极性

从当堂对分回到讲授为主的教学阶段，笔者很明显地发现学生听课状态的改变，因为没有了提问、讨论的压力，学生听课出现懈怠情绪，如讲话、看电脑等注意力不集中现象时有发生，笔者予以提醒后略有改善。而隔堂对分需要写读书笔记并进行课堂讨论，学生听课认真，有部分学生说自己边听课边思考问题，促进了学生“用脑”听课。

## 二、授课内容影响学习效果

本次教学过程的改变及取得的学习效果可谓是呈“螺旋式上升”的，体现了与学生及时沟通并调整授课内容的关键作用。发给学生的 PPT 内容详细、丰富，还有大量备注信息。而教师讲课时使用的

PPT 则需要重新组织内容，突出重点、难点、授课逻辑等。不能采用和学生一样的课件，仅仅加快讲课速度或略过某些内容，这样会影响学生的思路和听课效果。

## 三、对分课堂促进教学相长

在一次讨论中，学生提出了一个很好的问题：为什么研究维生素 C 时，会想到从牛的副肾腺提取维生素 C？这是笔者没有想到的问题，回答这个问题的过程确实需要一个学习的过程。

起初笔者经过查阅文献得知：肾上腺是人体含维生素 C 最高的器官。人体在紧张的时候，肾上腺分泌大量的肾上腺素到全身的肌肉中，准备好随时动作，应付危机。肾上腺素是从酪氨酸（tyrosine）制成多巴（dopa），转化成多巴胺（dopamine），再转化为降肾上腺素（noradrenaline），最后制成肾上腺素（adrenaline）。其中每一步骤都要消耗维生素 C 进行羟基化反应（hydroxylation）。这是为什么人和动物的肾上腺必须储备大量维生素 C 的原因。

然而，这并没有回答最初的问题“为什么研究维生素 C 时，会想到从牛的副肾腺来提取它？”笔者再一次查阅资料发现：肾上腺皮质是重要的内分泌腺，当时研究氧化还原系统的匈牙利生化学家 Albert Szent-Gyorgyi 从橘子汁、甘蓝汁和肾上腺皮质中成功分离出一种晶体化合物。1928 年，他发表论文，确定这种化学物的分子式是 $C_6H_8O_6$，所以称之为己糖醛酸（hexuronic acid）。后来和其他专门研究抗坏血病药物的科学家一起鉴定了这种晶体具有抗坏血病的作用，即为抗坏血酸，命名为 Vitamin C。从这些资料中可以推知：

Albert Szent-Gyorgyi 并不是有目的性地从牛副肾腺中提取用于抗坏血病的维生素 C，他是在研究生物氧化还原系统时获得了一种晶体，而这种晶体恰好具有抗坏血病作用的能力。而维生素 C 除了治疗坏血病以外，还参与许多物质代谢和能量代谢过程，所以在肾上腺中存量较高。Albert Szent-Gyorgyi 也因为维生素 C 和人体内氧化反应的研究获得了 1932 年的诺贝尔医学奖。

## 四、教师对考试的认识需要改变

重点难点及时总结，考前再总结。既然平时学生已经认认真真地完成了课后作业，积极参与了小组讨论、全班交流过程，教师必须让学生在发散思维以后回到本课程的教学目标和要求，所以及时总结重点和难点，让学生掌握这些内容。这与传统教学中，学生平时不积极参与教学而考前辅导是完全不一样的。

## 五、有意识地引导学习习惯，分享学习方法，促进师生感情

每次批改作业后，笔者及时给学生反馈作业情况，给全班学生展示优秀作业，对整理笔记的好方法给予评价，如曾经重点推荐了一位学生的思维导图笔记，后来也有学生尝试这种方法。笔者在一次教学培训中学习到了南京大学桑新民教授关于“如何记笔记”的方法（记录页对折，一半使用，一半空白。记笔记要超出教师讲授的内容，PPT 和教材上有的不用记，要记教材和 PPT 上没有的内容

及自己在听课中的灵感闪现。课后马上查阅文献，补上教师未讲或拓展的内容），然后在课上分享给学生，强调听课过程中的思考。

课后，笔者注重与学生交流，比如，和学生讨论怎样学习，解释对分课堂的教学目标，分享其他课堂学生的评价，以及笔者和其他教师从实践中的收获。这样有意识地与学生交流增进了师生感情，也利于课堂教学的开展。

## 六、总结

确切地说，这是一次当堂对分、隔堂对分、传统课堂的混合式体验教学，教师在这一过程中详细了解了不同教学模式下学生的学习情况，深刻地感受到及时调整课堂设计或教学模式的重要性。可以说，经过前 3 堂课的当堂对分体验、2 堂课的讲授为主的回归和后面 2 次隔堂对分的再尝试，学生也对不同教学模式所带来的感受有了真实体会，教师更是在教学设计和精练授课内容方面有了大幅度提高。所谓“教无定法”大概也是如此吧。这种根据教师和学生感受而进行课堂教学的及时调整是一种教学相长，也是一种知识层面以外的教学相长。

# 第九章

# “改变生活的生物技术”对分课堂效果调查

“改变生活的生物技术”作为一门大学通识课程，学生来源具有复杂性，涵盖法学、经济学类、临床医学、数学类、环境科学、软件工程、高分子材料与工程、材料物理、电子信息科学与技术等十余个专业，生物学基础参差不齐。“改变生活的生物技术”作为一门选修课程，学生的学习目标、对学习效果的要求与专业课或必修课有着明显的差异，比如，通识课程基本上是科普为主、选修课不应该花费太多精力、学习轻松、成绩易得，所以，在学生中流行的“最好拿‘营养学分’的课”是很多学生的选课标准。那么，在这样一门“改变生活的生物技术”的通识选修课程中实践新的教学模式，而且是有可能“加重学生负担”的，学生会有怎样的反馈呢？

课程结束后，从学生来源、讲授阶段、讨论阶段、作业及评价方式、学习负担、本课程满意度、学习效果满意度、推广可行性、对师资要求、当堂对分课、隔堂对分、传统课堂、考勤等多个方面，调查了学生对对分课堂实施过程和实施效果的感受和评价。从统计结果来看，91.67%的学生对自己的学习效果比较满意或非常满意；与传统课堂相比，87.5%的学生对“本门课采用对分课堂的总体评价”为较好或很好。如果其他课程同时提供对分课堂和传统课堂，仅 4.17%的学生倾向传统课堂。本章对问卷进行了详细分析，挖掘数字背后的含义，给在必修课以外的其他生物学课程或非生物选修课程的教师尝试使用对分课堂提供参考。

## 第一节　问卷反馈整体情况

本学期选课人数 24 人，来自法学、经济学类、临床医学、数学类、环境科学、软件工程、高分子材料与工程、材料物理、电子信息科学与技术等十余个专业，包括大一的学生（66.67%）、大二的学生（4.17%）、大三的学生（25%）、大四的学生（4.17%），男女比例为 1∶1。本次发放问卷 24 份，回收 24 份，回收率为 100%。问卷分成两部分：第一部分是选择题，采用问卷星发布题目并进行统计分析；第二部分是文字题，采用学校 E-Learning 系统以作业形式提交。具体统计结果见附录 3。

## 第二节　对分课堂实施阶段相关指标的评价与分析

为了更好地解读学生的反馈信息，笔者从课堂授课、作业、讨论阶段、考核方式等四个对分课堂的关键阶段详细分析了调查的反馈结果，并对某些数据进行了相关性分析。

## 一、课堂授课

关于课堂授课，问卷中设计了“本门课程试图通过教师讲授，帮助学生熟悉章节内容，克服重点、难点，为课后学习及读书笔记奠定基础。你是否认同这个目标？这个目标是否达到？”这一问题。调查结果显示，33.33%的学生“比较认同”，66.67%的学生“非常认同”，并且54.17%的学生认为“达成不少”，45.83%的学生认为“基本达成”目标。这说明，课堂讲授阶段，教师基本完成了预设目标，但是有一定的提升空间，比如，重点、难点更突出一些，而不仅仅是加快讲课速度。

## 二、课后作业

课后作业的目的是让学生通过课后复习，内化吸收课堂内容，在此基础上总结重点、难点，提出质疑，为课堂讨论环节做准备。学生还可以根据自己的学习计划拓展学习内容。调查发现以下几点。

### 1. 学生认同作业形式和目的

95.83%的学生比较认同“通过读书笔记的形式，让学生根据个人学习生物学的兴趣、动机和时间，把握自己在本门课程上的学习投入”，达到率为91.67%。

从“你认为你在本门课上的学习负担是否合适？”的反馈结果（图 9-1）可见，有 12.5%的学生认为作业负担较重。学生写读书笔记平均用时为 1.83 小时，最长为 3 小时，最短为 0.45 小时。学生课后阅读教学 PPT 的平均时间为 2 小时，最长为 5 小时，最短为 0.45 小时。

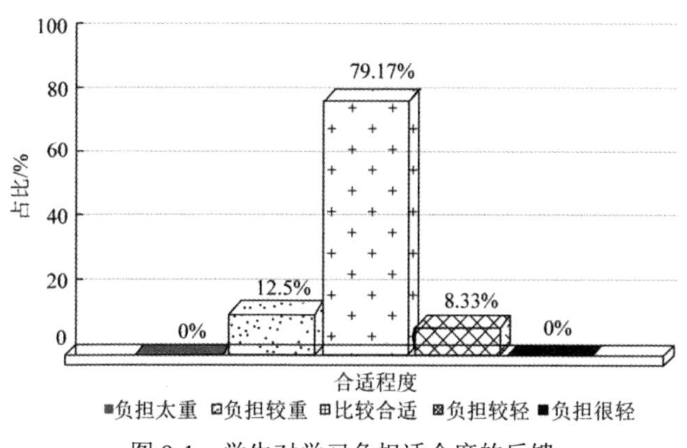


图 9-1　学生对学习负担适合度的反馈

结合有极少数学生对读书笔记“保持中立”的结果，推测分析：大一学生选课偏多，经过第一学期的迷茫和过渡，第二学期更关心或担心成绩对本学期期末专业分流的影响，所以感觉读书笔记或课后作业给自己带来较大负担。虽然读书笔记也算平时成绩，但是因为担心成绩低，不敢根据兴趣、动机或时间来完成读书笔记，所以努力写作业，花费时间较多，感觉负担较重。

通过课后阅读时间和作业时间的统计发现，学生花费时间的多少并不是认为负担较重的直接依据。在本课程上“花费 5 小时阅读，3 小时做作业的学生，非常满意自己的学习效果，并且认为学习负担合适，以后还会选择对分课堂”。如果教师更加明确作业要求和给分标准，或许可以减轻学生的学习负担或心理负担。

2. 学生对作业分享的反馈

“通过有特色作业或优秀作业的分享，使学生互相学习，共同提高”的调查结果显示，83.34%的学生认同该目标，达到率为 79.17%。本次对分课堂仅有 3 次作业，最后一次作业已临近期末，所以只在课堂上展示了 2 次作业。这一结果提示，学生希望看到优秀的作业，通过微信群及时展示优秀学生作业可以增加示范效应。在学生的学习感受中也有学生提出建议：希望加强特色作业分享。

3. 学生对教师及时评价作业的反馈

“教师及时地对学生的读书笔记进行打分、课后疑难问题互动，鼓励了学生学习，促进了学生进步”的调查结果显示，95.83%的学生认同，达到率为 95.83%。这说明学生认可本次实践中的及时评价、及时反馈和课后疑难互动。

## 三、讨论阶段

课堂讨论是对分课堂的重要部分。通过这一环节帮助学生理解重点、难点内容，解答疑难问题，锻炼学生语言表达能力，培养倾听的习惯，学会总结别人的论点、表达不同的意见等。调查的结果说明以下几个方面。

1. 学生对读书笔记与讨论关系的认可

调查数据（图 9-2）显示，95.83%的学生比较认同（33.33%）或非常认同（62.50%）“本门课程试图通过读书笔记和作业，促进学生对章节内容的认真学习，为分组讨论做好准备”。关于作业目标的达成情况，54.17%的学生认为“达到不少”，41.67%的学生认为“基本达到”（图 9-3）。这说明读书笔记形式的作业确实有助于学生充分消化课程内容并提出问题，有助于讨论环节顺利地进行，也体现出对分课堂三阶段的合理性。需要注意的是，当堂对分中无法写读书笔记，只要学生针对某个重点内容进行学习和提问，所以读书笔记的作用不如在隔堂对分中明显。

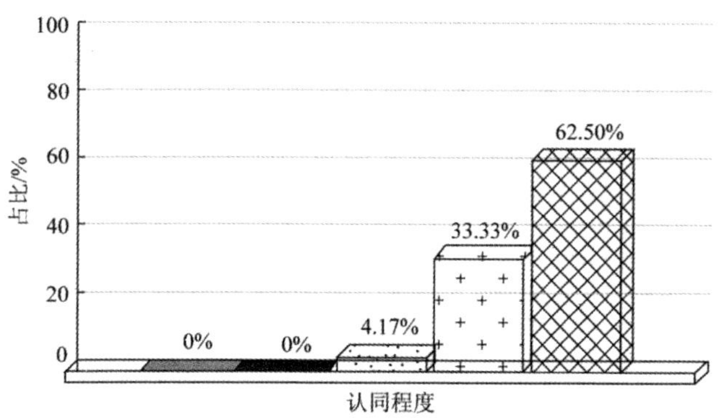


图 9-2　学生对作业目标的认同情况

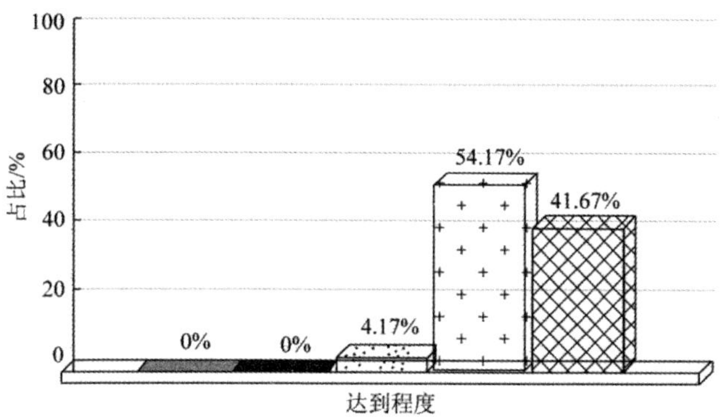


图 9-3　学生对达成作业目标的反馈

2. 学生对小组讨论的认可

100%的学生“比较认同”（33.33%）或“非常认同”（66.67%）“本门课程试图通过分组讨论，使学生互相促进、化解疑难，达到对章节内容的深入理解”，而且 100%的学生认为这一目标“基本达到”（25%）或“达到不少”（75%）。这说明学生受用小组讨论这一环节，但是要更好地实践这一过程还需要教师在教学过程中予以更好地把握，如讨论的时间和问题的引导。

3. 学生对全班讨论环节的认可

100%的学生“比较认同”（29.17%）或“非常认同”（70.83%）“通过抽取小组代表全班交流、鼓励学生发表不同见解的形式，促进学生提高表达能力和倾听能力、培养质疑精神”的教学目标，100%的学生认为“达到不少”（54.17%）或“基本达到”（45.83%）。从这里可以看出学生非常希望通过讨论发言来提高各方面能力，但是限于时间少，每次课上只请 2～3 位学生代表发言，甚至有学生在最后很遗憾地说“自己没有被点名发言”。因此，教师在请学生发言时，不仅要考虑到小组，还要考虑到个人，给更多学生锻炼的机会。

## 四、考核方式

对分课堂教学模式既注重课堂教学效果的提高，也重视考核方式的改进，强调过程性评价。适合的考核方式不仅能够减轻学生课业负担，还能够公平评价学习结果，促进学生的主动学习。

### 1. 学生对平时作业可以减轻期末压力的反馈

调查结果发现，100%的学生“比较认同”（20.83%）或“非常认同”（79.17%）“通过督促学生完成读书笔记把学习落实到平时，而不是积压到期末考试前”（图 9-4），100%的学生认为“达到不少”（45.83%）或“基本达到”（54.17%）了预设目标（图 9-5）。可见，这种考核方式确实有助于减轻学生期末复习压力。

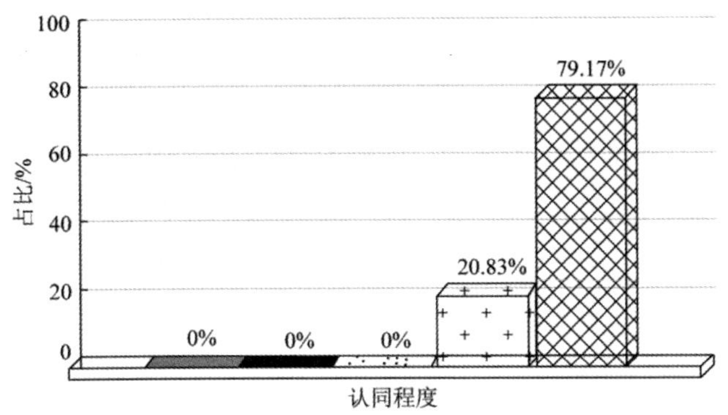


图 9-4 学生对平时作业减轻期末压力的认同情况

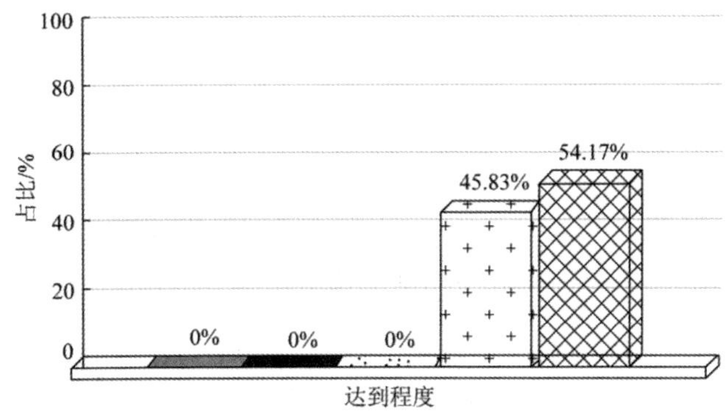


图 9-5 学生对平时作业减轻期末压力的反馈

### 2. 学生对多样化考核方式公平评价学习效果的反馈

对于“本门课程试图采用平时作业和期末考试相结合的考核方式，来更准确、更公平地评估学生的学习效果”，学生比较认同或非常认同达 100%（图 9-6）；而 66.67%的学生认为这样的考核方式基本能够准确、公平地评价学习效果，33.33%的学生认为这样的考核方式比较可能更准确、更公平地评价学习效果（图 9-7）。这体现出学生希望通过改变考核方式，来更准确、更公平地评估学生的学习效果，但部分学生认为没有达到预期。

本次实践按平时成绩占 45%和期末成绩占 55%的比例考核。另外，在本次教学过程中，教师也特别注意授课过程中更加突出对重点、难点的讲解，在最后一次课上又对本学期的重点概念给予总结，目的是将学生从平时的开放式讨论中拉回来，合理引导学生将精力放在重点、难点的知识上，尽量做到知识、能力和成绩的三赢结局。

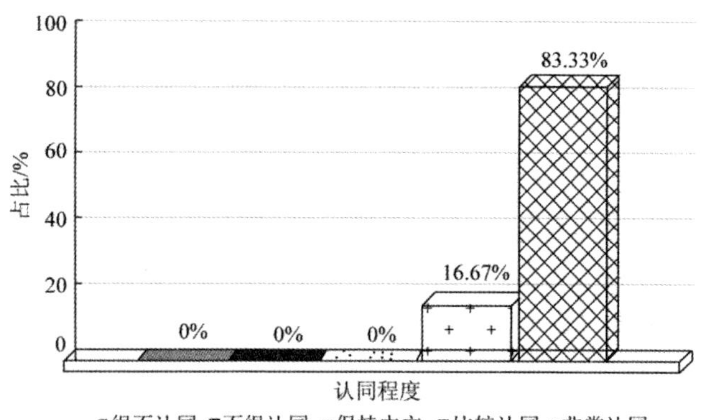


图 9-6　学生对考核方式的认同情况

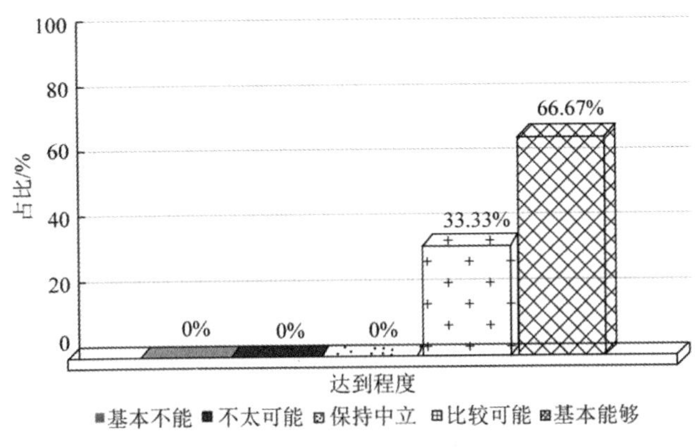


图 9-7　学生对考核结果的反馈

# 第三节　对分课堂的总体评价及相关分析

除上述问题外，问卷中还让学生评价了自己学习满意度、对分课堂的总体评价、选择课堂教学模式倾向性、对分课堂可否推广到其他课程等问题，以及对分课堂需要怎样的教师资格、是否需要签到等问题，据此全面评价本次对分课堂的教学实践。

## 一、学习效果的满意度

通过一学期的对分教学实践，91.67%的学生对本门课程中自己的学习效果比较满意或非常满意（图 9-8）。这说明无论是当堂对分还是隔堂对分，91.67%的学生都从对分课堂取得了满意的学习效果。

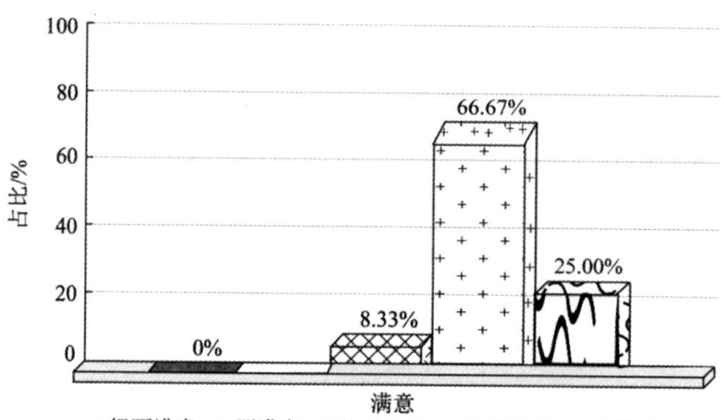

图 9-8　学生对自己学习效果满意度

## 二、对分课堂总体评价

与传统课堂相比，学生对本门课程采用对分课堂的总体评价是，4.17%的学生认为传统很好，8.33%的学生保持中立态度，45.83%的学生认为对分较好，41.67%的学生认为对分很好，合计认为对分较好或很好的占比 87.5%。这说明本学期本课程采用对分课堂模式得到 87.5%上课学生的认可（图 9-9）。

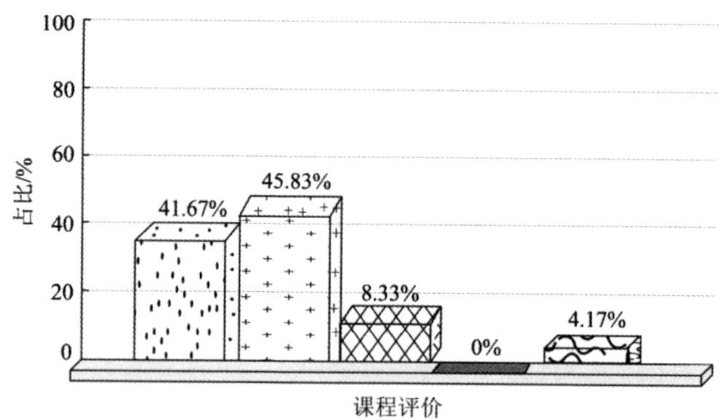

图 9-9　学生对对分课堂的总体评价

## 三、学生对教学模式的选择

为判断本次对分课堂实践中学生更喜欢当堂对分和隔堂对分哪种模式，也希望由此探知哪种对分模式更适合通识课或选修课，在问卷中设计了“你认为本课程更适合采用隔堂对分还是当堂对分？”学生反馈结果是：66.67%的学生认为“隔堂对分”更适合，33.33%学生认为“当堂对分”更适合（图 9-10）。笔者认为，当堂对分没有作业，有些学生更喜欢；隔堂对分虽然有作业，但是可以用平时成绩减轻期末压力，还可以更好地消化吸收课堂知识及在讨论环节得到各方面的锻炼，所以喜欢的学生更多。

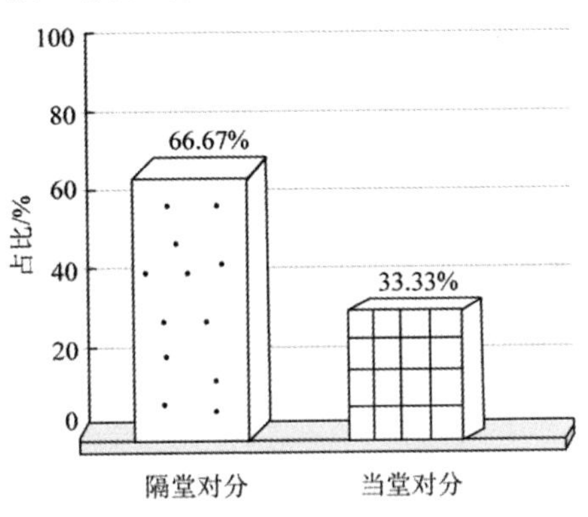


图 9-10　学生对教学模式的选择

## 四、可否推广到其他课程

通过本课程对分课堂的实践，66.66%的学生认为“对分课堂可以推广到其他课程”，33.33%的学生保持中立态度，有个别学生认为不同学科有不同的学习方法，要视具体课程而定（图 9-11）。

在“如果修读其他课程，同时提供对分课堂和传统课堂，你会如何选择？”的问题中，虽然“倾向传统”的学生占比仅为 4.17%，但是也有 29.17%的学生保持中立（图 9-12），这说明学生希望改变教学模式，但是对于新教学模式还需要时间来理解、体会和接纳。影响这一转变的因素很多。

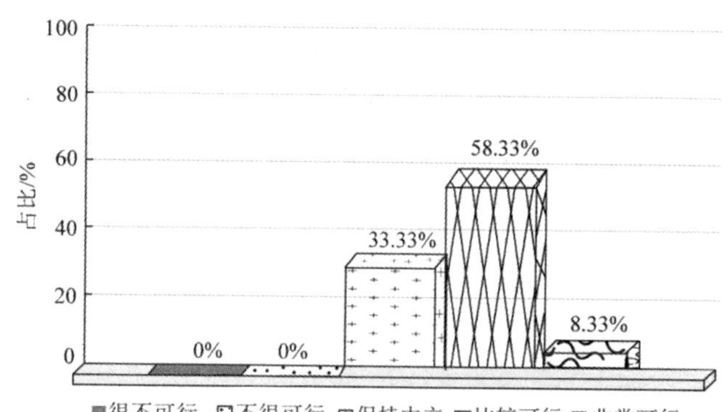


图 9-11　学生对推广对分课堂的态度

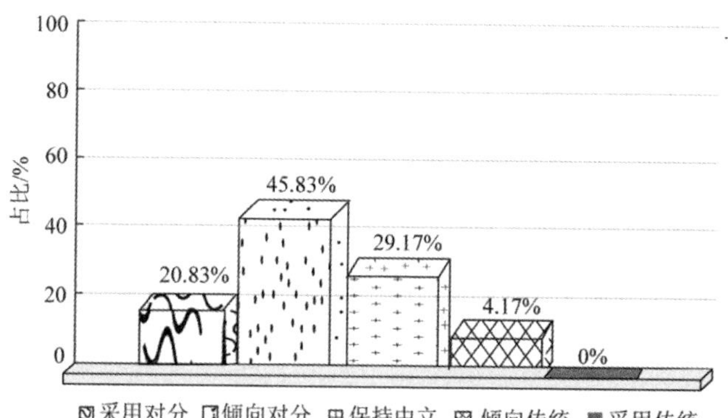


图 9-12　学生对选择其他对分课堂课程的态度

## 五、是否需要资深教师

学生对“你是否认为只有资深教师才适合使用对分课堂？”反馈结果是，37.50%的学生认为资深较好，58.33%的学生认为无需资深或青年教师也可（图 9-13）。这说明对分课堂更多体现了学生为主体的学习过程，教师只要将重点内容或难点内容讲解清晰、逻辑清楚即可，不需要像传统课堂一样要求教师既要会讲课程内容，还要会使用各种教学技巧或积累较多的名人趣事来调动课堂氛围、幽默课堂。当然，如果资深教师使用对分课堂可能更得心应手。

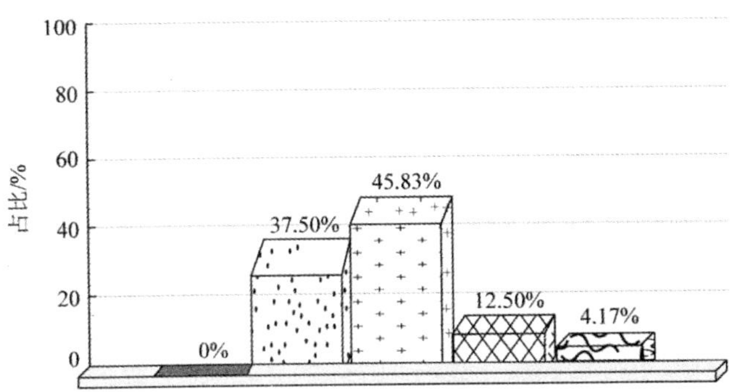


图 9-13 学生对适合对分课堂教师的态度

## 六、是否需要签到

关于上课是否需要签到的问题，87.5%的学生认为需要签到，12.5%的学生认为不需要签到。通过将“是否需要签到”与“选择隔堂对分还是当堂对分”的 2 个问题关联分析，发现了一个很有趣的现象（图 9-14），认为“需要签到”的学生中 71.43%的选择“隔堂对分”，而认为“不需要签到”的学生中 66.67%的选择“当堂对分”。这说明认为应该签到的学生更愿意通过隔堂对分取得更好的讨论和学习效果，所以希望小组成员不要迟到或逃课；而选择“不需要签到”的学生认为“当堂对分”更好，因为讨论环节在上课的后半段，迟到一点也不会影响自己或他人。

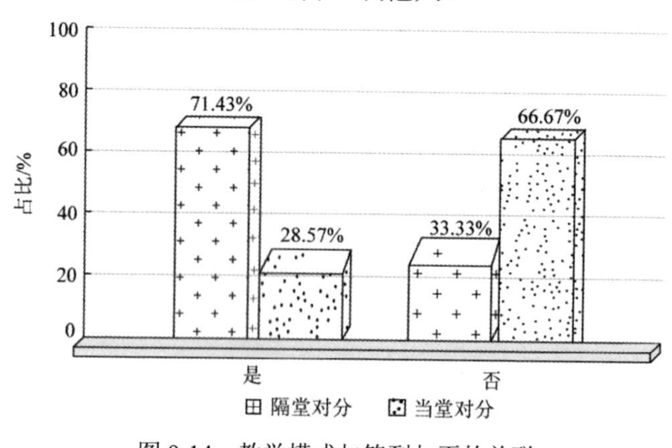


图 9-14　教学模式与签到与否的关联

## 第四节　学生在对分课堂学习中的收获和建议

除问卷中采用选择题形式调查了学生对“改变生活的生物技术”对分课堂实践的评价以外，笔者还设计了开放题目“请根据自己的实际情况，或给出‘改变生活的生物技术’对分课堂的其他评价或建议，或谈谈你在本学期的对分课堂中体验与收获，或谈谈你理想中的‘改变生活的生物技术’课堂”。学生们非常认真地给出了学习体会（附录 4）。下面从学生在对分课堂中体验与收获和对对分课堂的思考及建议两个方面予以总结。

## 一、学生的体验与收获

### 1. 一次有意义的尝试、全新的体验、新颖的教学模式

有学生认为，这是第一次参与这样的课堂形式，一开始觉得比较麻烦，因性格比较内向也不太愿意跟同学交流；但是通过一个学期的实践证明，对分课堂不仅调动我们的思考积极性，更多地发现问题，也让我变得更放开了一些，认识了更多的同学，在互相交流与合作中学习到了很多自己一个人学不到、想不到的东西，发现了集思广益力量的强大。

有学生说，以前高中包括大一上学期在内从来没有遇到过对分课堂，虽然之前会有小组讨论，但一个学期也就两三次，并且都是按完成课程任务的心情去准备的，从来没有像这次课程一样，先讨论后上课，真的是调动了参与度和积极性。这样在课后自己去思考也加深了对课程内容的理解，还可以提出更有意义的问题。

有学生认为，教师上课与课堂讨论相结合，学以致用，不仅有利于更好地学习各项知识，也丰富了教学模式，不再局限于教师讲学生听。

### 2. 对分课堂卓有成效，希望推广开来

有学生说，经过对分课堂模式的学习，发现的确卓有成效。它能极大地带动我们对上课时教师所授内容的思考、反思，在课后的

小作业的设置，也让我投入更多时间来学习、了解与每堂课相关的内容。的确，我对于课堂内容的思考也比以往多了起来。

也有学生说，因为在其他课程上，平时没有压力，等到期末考试临近才开始复习，这是一种很不好的学习方式，所以希望对分课堂能够在复旦大学的课堂传播开来，并且传承下去。对分课堂的模式非常好，希望教师能够一直做下去，相信也会成为复旦大学课堂上的一大亮点。学生们纷纷表示，希望这种教学方法可以推广，让更多的学生获得启发，应该成为大学里面常见的学习模式。

### 3. 掌握课程知识，减轻期末复习压力

这门课程采用对分课堂的方式，把授课、讨论、整理知识点、预习等环节充分地利用好，让大家都能够好好地学习本课程的内容。读书笔记的设置可以加深对上课内容的了解，督促学生在平时就对课程进行复习，更好、更深入地吸收知识，而且有一些新的收获。课后疑难问题互动也解决不少的疑惑。希望教师在以后的教学中继续使用这种教授方式，既能减小学生们的压力，也能让学生们在课程中真正学到一些知识并为我所用。

### 4. 提高课堂参与度，提升思考意识

对分课堂真正地鼓励了每一个学生参与到课程之中；不仅课堂参与程度大大提高，还鼓励大家课后对课堂上的一些问题继续进行积极的思考。有学生说，对分课堂促使他在平时注意到了更多课件及上课内容中的一些细节，这些在过去的类似选修课中没有这么做，并且还特意地去思考某些问题。

有学生反馈说，每次上课的时候，都会使自己集中精力，并且带有疑问地、批判性地听课，对于某一个疑难问题能够提出问题，对于某一个自己觉得不妥的方式能够去批判看待并且查阅资料。

5. 养成良好的学习习惯、学习方法

有学生说，这学期最大的收获就是改掉了把学习整理留到期末的坏习惯，养成了更好的学习习惯和思考习惯，如思考问题的角度和思维方法；还学习到了记笔记的小窍门，如思维导图形式或者知识框架图，让他在讨论的时候更有逻辑地进行思考。“非常感谢这门课用对分课堂教给我的生物技术知识和学习方法”“这种学习模式、方法、或者说学习习惯是我最大的收获”是学生们的感受，还有学生说：“对分课堂教学模式有效地提高了大家的学习效率，我收获的不仅仅是知识，更是一种信念，一种真正的大学学习生活的信念。对分课堂给我全新的学习方法、学习习惯的启示，是我上过的一门很有新意的精品课程。”

6. 提供展示机会，提升个人能力

在应试教育影响下，以前很少有机会让学生进行交流。小组讨论也给学生们提供了一次表达和展示自己的机会，过程中不仅锻炼了对知识的总结能力，对问题的思考能力及组织语言表达自己想法的能力，特别是代表自己组向全班展示时，还必须有梳理总结的能力，概括性地提出组内总结的知识和思考的问题。对分课堂既教会了学生知识，也在不知不觉中锻炼了学生的表达能力和批判性思维能力，提升了他们的交流、协作能力。

有学生表示，在对分课堂中，不仅仅学会了提出问题，更培养了自己解决问题的能力；不再仅仅依赖于教师的回答，与小组成员的讨论，在网上进行文献的索取查询，都让自己独立学习的能力有了长足的进步，对自己以后的学习方式也大有裨益。在交流的过程中，懂得了如何倾听其他人的想法，以及如何较为准确地表达自己的观点。

7. 多专业间学习互补，增进情谊

有学生说，这门通识选修课，学生们都来自不同的专业，在讨论的过程中从环境和医学系的学生那里学到了不少原先并不知道的生物知识，同时也利用自己的化学背景解答了一些他们的问题，这样的互补对学习十分有用。

可以和学生交流，优势互补，也可以和教师更进一步交流，一学期下来，还多交了几个朋友。在整个过程中，学生们之间的感情也在慢慢加深，从在同一个教室听课的学生变成了互相讨论帮助的学习之友；教师与我们之间的感情也在加深，教师不再仅仅是一个传授知识的角色，也是与我们共同讨论、共同学习的好伙伴。

## 二、学生的思考及建议

反馈中，学生不仅列举了对分课堂的诸多优点，还对对分课堂中的一些操作提出质疑和思考，并给出了建设性的解决办法。

1. 读书笔记不必拘泥于“亮考帮”的模式，提问题和读书笔记可以分开做

有学生说，读书笔记不必拘泥于“亮考帮”的模式，提问题和

读书笔记可以分开做。读书笔记没有必要每次都做，完成阶段性内容的学习，包括课堂上提出的问题都解决之后，对于内容理解清楚了，做起来会比较顺手，免去在做笔记时未解决问题的困扰。

### 2. 加强交流、分享学习方法

小组组长轮流负责制，排出发言轮次，确保每个学生都有发言交流的机会，而不会让有些内向的学生很少有发言的机会。通过这学期优秀作业的展示，从别的学生身上学到了许多，很想拓展向其他学生学习的途径，方便大家互相学习、一起进步。如果有学生的点子、作业很有亮点，经本人同意，可以安排他们介绍自己的学习方法。

### 3. 考勤、桌贴、增加小组轮换

加强对缺勤学生的要求，对分课堂需要学生们认真地参与才能最大限度地发挥其价值。

对分课堂不同于传统课堂，更注重教师与学生的交流互动，桌贴方便教师了解学生，值得进一步推进或制度硬性化。

对分课堂一大好处就是可以在小组讨论时从同组的组员身上学到许多，三人行则必有我师。建议三到四人的小组最好一学期轮换两到三次，或每节课都更换组员，让每个学生能和尽可能多的学生讨论问题，有机会向更多的人近距离学习。进行分组的时候可以适当专业搭配，增加共同语言，课后线下交流也较方便。

### 4. 案例介绍，逐渐推进，提高收益

要实现对分课堂，就要做更多的准备工作，毕竟这是一种比较新颖的教学模式。开始阶段要看学生们的接受程度，提议可以在最

开始的几节课预热一下，给学生们介绍对分课堂的基本模式，可以拿往届的课程举例，及早地让他们了解、熟悉对分课堂，这样的话，或许收益会比较大。

5. “对分课堂”可以更灵活，完善时间配比

根据每节课程内容的多少划分讲授与讨论的时间。如果这节课的重难点有很多，可以多讲授一会儿，课程易于理解，可以多讨论一会儿，让学生有更多地交流碰撞，学到更多。

由于课堂时间限制，所讲的一些内容不必太过深入。教师控制好时间，避免互不相让、争执不休而降低讨论效率。鼓励大家和全班学生分享时更多地分享已经得到解决的问题，然后在现有答案的基础上大家再进行讨论，这样可能更有价值。如果只是提出未解决的问题，那么基本上是超出课堂所有学生的认知水平的，只能等待教师师解答，这样可能会降低课堂效率。

## 第五节　教师对对分课堂实践的教学总结

这是一次面对多学科、多年级学生的不同需求而进行的一次对分课堂实践，过程中经历了传统讲授模式、当堂对分、隔堂对分三种课堂教学的体验，通过问卷和文字反馈形式，笔者已经了解了学生对对分课堂的体会，在此基础上结合教师教学的实际感受对本次实践教学总结，仅供学习者参考。

## 一、明确内化吸收过程的要求

对分课堂分为讲授、内化吸收、讨论三个环节。内化吸收是承上启下的关键环节，既是对课堂内容的再消化，又是讨论的基础。读书笔记和作业就是做好这一环节的保障。读书笔记的形式灵活多样，根据个人喜好可以是框架式、思维导图式、图标式，也可以是文字式，目的是整理课程的重点、难点，方便复习和考试。

作业是在完成读书笔记的基础上提炼出三方面内容：①“亮闪闪”就是新思想、新知识等；②你认为的重点或难点，通过“考考你”的形式和学生交流；③“帮帮我”就是自己解决不了的问题。

确实，“亮考帮”只是一种形式，读书笔记和作业的目的主要是督促学生课上认真听、课后及时总结、提出问题，为讨论做准备。

## 二、平衡学习效果和学生负担

从本次调查可以看出，学生对本次对分实践的满意度和对自己学习效果的满意度高达 90%以上，但是如果其他课程也使用对分课堂或对分课堂推广到其他课堂，有 30%左右的学生持中立态度。这说明这部分学生在对分课堂的效果和负担之间摇摆，一方面希望有好的学习效果，另一方面又怕学习负担太重。

对于教师而言：①要做好引导工作，也就是第一堂课的介绍很重要。学习不仅仅是学生的事情，需要调动学生学习积极性，将教与学有机地统一起来。②这类以低年级为主的选修课或通识课上，在传授知识的同时，更要强调能力的锻炼，关注学生学习习惯的养成。③强调听课要做笔记，减少上交作业的次数，但要求写简单作业，保证讨论环节有效进行。

## 三、完善讨论环节，提高讨论效率

讨论环节的时间控制是关键。严格控制讨论时间，帮助学生提高发言效率，陈述小组意见时做到语言简练、重点突出。在当堂对分的内化吸收阶段，教师可以给学生 1～2 个难点问题或开放性问题，或规定讨论哪一块内容，以免学生提出问题过于宽泛，无法形成讨论氛围。

## 四、加强课后交流环节，延伸课堂教学

讨论后学生还有问题没有解决，这部分问题需要放到微信平台或其他网络平台进一步解决，形成“提问—讨论—解答—再提问”的良性循环，促进课堂学习效果；也可以采用教学软件，如专门为对分课堂设计的“对分易”（http://duifene.com）教学平台，可以为教师教学提供更好的服务。

## 五、创造轻松的对分课堂

学生和教师都需要清楚，也是最重要的一点：对分课堂是轻松、高效的课堂。对分课堂是鼓励学生发言、师生自由交流、学生合作

学习的课堂；对分课堂也是减少教师重复性讲授、避免照本宣科的课堂。改变是前进的力量源泉，改变不一定进步，不改变永远没有进步。但改变不是革命，改变只是寻找一种最佳的教与学的模式，一种更有效的交流学习方式，所以教师和学生一起实践、沟通，一定会实现轻松、高效的课堂学习。

# 第十章

# 新 手 上 路

改变或尝试新的教学模式总会让教师有所顾忌，在此笔者将自己亲身经历后的所思所想及注意事项与读者交流，以便读者可以摆脱一些顾虑，大胆地尝试对分课堂以提高教学技能和教学效果。

## 一、与学生沟通很重要

通过交流使学生理解教与学是相互依存的。教师是天底下最无私的职业之一，每位教师都希望自己教出的学生超越自己。正因为如此，教师们才乐于探索，敢于尝试各种教学模式、教学方法，希望达成最好的教学效果，希望学生收获的更多。注重心灵交流易于学生接受教学模式和学习模式的改变。

### 1. 告诉学生改变教学模式的必要性

第一堂课给学生介绍正确的学习理论、教育的根本目标。讲清楚为什么要使用对分课堂模式，有什么好处，要付出的时间和精力（但是有一点可以明确，使用对分课堂模式，学生可以根据自己的需求调整在本课程上的投入），教师和学生可能面临的问题，对问题的解决办法，等等。

2. 及时反馈教学改革进展

教学过程中及时反馈教学改革进展，包括本课程中学生对教学效果的反馈，哪些问题教师可以解决，哪些问题需要学生参与才能解决，解决后带来的效果分享；该教学模式在全国的推广情况、认可度和效果。

3. 最后一次课再一次总结对分课堂

最后一次课要总结对分课堂与实现教学目标的吻合点，鼓励学生回顾一学期以来的上课过程和学习体会，提醒学习方法和学习模式的重要性，强化良好学习习惯的养成。

4. 和学生交朋友

平时多和学生交流，尤其是及时反馈学生的问题，和学生建立良好的互学关系。记得有一位学生通过微信来请教关于遗传学的问题，笔者查阅有关资料后给予回复，学生很感动。

## 二、如何延伸课外交流

课外交流是师生互动的重要部分。微信群可以发挥很好的作用。教师可以通过微信群及时反馈学生的问题；也可以发送一些励志、具有教育意义的内容，但是不要太多；发送拓展的知识（如产抗生素菌为什么不杀死自己、细菌的免疫系统等）或最新的进展（如学习肠道正常菌群对人体的作用时，笔者发现仅 2015 年 10 月份就在 *Nature*、*Cell*、*Science* 三大杂志上陆续发表了 10 篇相关文章，笔者仔细阅读、摘出要点，课上和大家分享，并发送这些文献供感兴趣的学生拓展学习）；推荐好书（如《微生物学分子生态》等）；鼓励学生也在这里发送科学前沿进展的知识进行分享。

引申课外交流的最终目标是分享知识，联络感情，弥补大学生与教师的交流缺失。这实现了哈佛大学法律教授德里克·贝尔（Derrick Bell）所说的教学境界:“网络空间和班上的交流提高了‘理解水平’。”[44]有学生期末考完试后主动分析自己没有考好的原因在于“复习时太抠细节、错误估计了复习所需时间、和其他课程考试时间挨得太近、自己平时不够努力”，而不在于“使用对分课堂模式”，认为“对分课堂模式很好”，还安慰笔者不要太伤心。

## 三、注重人文关怀

对于长期不做作业的学生，教师要给予鼓励，培养其学习习惯。

比如，一个学生开始不来上课，笔者每次课前打电话给他，并利用课后时间和他交流。几次以后，该学生越来越认真，后期还使用软件做作业，期末考试成绩也不错。

又如，还有一个学生大一就沉迷于网络，在选课时就担心自己会成绩不好，笔者通过打电话让他来上课，课上鼓励他发言，最后期末成绩良好。

有的学生笔记有创新，通过作业展示鼓励其持之以恒，最后成绩很好。也有自始至终无论是课上还是完成作业都一直认真的学生，最后成绩优秀，只需在课上适当给予这些学生表现的机会即可，更多的时间需要留给其他学生。

值得一提的是，有的学生平时作业很认真，从不缺课，但是期末考试卷面成绩不理想，总评没有达到 A 档。作为教师，肯定希望他得到 A，但是又必须实事求是。这时需要单独和学生沟通，让他知道自己考试哪里丢分了，肯定他平时的表现（事实上他的平时成绩是很高的），同时给予宽慰。

本学期期末考完试后，笔者在微信群里对重要题目和出错率比较高的题目给出了参考答案，这样学生可以粗略地评估一下，更容易接受自己的分数，尤其是与预期反差大的那些学生。

## 四、拥有持续的奉献精神

教师是最有奉献精神的职业之一。这一点从初、高中的教师那里就可以发现。开家长会时，教师请学生家长关注自己孩子的作业、健康、心理成长时，那种语气俨然是让家长帮帮自己的孩子。

20 世纪 60 年代，德里克·贝尔对人生、事业和学生的发展投入了大量的心血。他认为，学生真的是非常出色的，教师的挑战在于怎样构思“给学生互教互学机会”的课程，其中不仅仅是考虑课程材料，还要考虑他们的人生前景。德里克·贝尔的奉献精神表现在他为学生做的每一件事情之中。当他为学生调集大量网络资源、提供讲课笔记、精心构思假设案件时，这种精神无不在闪闪发光[44]。

## 五、如何讲课

对分课堂模式下教师授课时间缩短，学生自己阅读教材时间增多，所以教师授课内容必须进行相应调整，做到阐明主要概念，突出重点，讲清楚难点。讲课不能成为某些主题的百科全书式的覆盖，或作为向学生显摆教师知识如何渊博的方式，而应该成为澄清和简化复杂材料的一种方法，尤其是在讲解重点和具有挑战性问题的时候。

笔者在讲授到“微生物学”课程的第九章“传染与免疫”时，才找到这种最佳感觉。也许是因为之前总觉得时间不是问题，到最后发现时间不足，而恰恰是时间的不足才激发出灵感。因为人往往在时间短的情况下，会省去许多没必要的话，使用最精练的语言表达主要内容。

## 六、如何保障讨论阶段有效进行

学生完成作业——读书笔记和“亮考帮”是进行讨论的基础。建议小组先从“考考你”开始，因为这样就有可能解决“帮帮我”的部分问题，也可能涵盖了一些“亮闪闪”的内容，从而提高讨论效率。

在全班交流阶段，为了鼓励学生倾听其他学生的发言，教师可以随机请学生总结前一个学生的发言。

如果学生们的讨论“脑洞太大”，教师可以提出 1～2 个与本节课重点、难点相关的问题予以引导，有助于学生理解。

## 七、如何给学生评分

在学生按时交作业的前提下对作业进行评分。评分可以分成 3 档或 3 个以上的档次，可以设置相应的比例。

1）认真完成作业，“亮考帮”内容齐全，对重点内容合理总结，提出有创意或关键性问题给最高分或 A 档。

2）认真完成作业，“亮考帮”内容齐全，但重点内容总结不到位，归为 B 档。

3）作业不认真，敷衍了事，归为 C 档。此时，教师需要通过与学生及时沟通，通过优秀作业展示的形式指导学生在下一次作业中改进。

评分代表对学生投入、思维和成果的评价，并不是看他们是否遵守某些任意的规则。这也意味着学生不能因为遵守游戏规则就赢分。更要避免所谓的“任意加分”，如学生做了与学习无关或者关系不大的事情（填写在线班级评分、主动跟老师聊天等）而加分。

## 八、怎样保证学生按时交作业

开课之初就明确学习责任：本门课程需要完成课后作业，至少需要花费和上课相等的时间，才能保证你在本课学习上取得进步。如果你不能做到，请不要选课。如果你预期不能完成作业则在下次作业之前得不到教师有用的评语。假如你进步不大，假如你需要有人来吓唬你，我就准备那样做，尽管如此，你们也要学会控制自己的生活[44]。

有教师甚至可以用其他办法帮助学生做事有条不紊，如有一位教师第一节课发给学生一张纸，上面标有 7 栏 24 排，一个格子代表一星期的每个小时。要求学生把自己用于听课、走路、睡觉和吃饭的每个小时做一个标记，然后从中找出做作业的时间。如果没有达到本门课程所需要的时间，那么就认为学生没有时间来修这门课程。运用这些方法，迟交作业的学生几乎绝迹[44]。

如果可以做作业的次数超过上课次数，可以约定迟交不计入成绩，但可以提交作业到足够次数。如果本身提交作业次数不多，可以约定迟交只能得到最低分。

## 九、遇到不按时交作业的学生怎么办

虽然在上课伊始就立下各种规矩，但是教学过程中很可能会遇到不按时交作业的学生。出于尊重个体的考虑，先要了解第一次晚交作业的原因，有可能是希望作业质量高一些，这样鼓励他早点着手做作业；如果是有拖延症，可以和他约定时间，以朋友的身份提前提醒他；对于忘记作业的情况，只能按照规定行事。

## 十、如何对待教学评估和学生评分

每一位教师都关心自己的努力结果如何得到正确评估。

目前我们的教学评估仍然属于传统方法，也是教师经常否认其可行性的评估。因为评估的问题主要指向优质的教学实践，如运用新技术没有？发动课堂讨论、点名叫学生了吗？讲课有无条理？学生迟到了吗？讲课有无激情？

而以学生的学习为中心的教学应该关心学生的收获，如教学内容是否符合课程要求？学生是不是正在学习本课程应该教授的内容？这种教学是不是正在帮助和鼓励学生学习，并持续地、实质地、积极地改变学生的思维、行为或感觉方式，而不会对他们造成任何严重的伤害？教师有没有做到精确评价学生？学生对自己的进步是否满意？所以如果我们问学生恰当的问题，他们的回答能够帮助评估者对教学质量做出评价，但学生的打分本身不是评估。

诚如一位教师所言："有一些学生到我的班上来时，认为他们要做的全部事情就是记忆和'反刍'。他们刚刚开始上课时感到受挫，因为我让他们去理解和推理。到最后，如果他们给我打低分，这是因为我未能影响他们的观念，即学习我的学科的意义是什么。"

笔者非常认同上述观点。在微生物学对分课堂模式的学习中，也有学生有类似的现象。在问卷调查中有学生详细叙述了自己的学习体会和变化，当然他最后是观念发生了变化（详见附录 1）。综合大多数学生的反馈来看对分课堂模式是得到学生认可的。本门课程最后的学生打分 4.83（满分 5 分，虽然评分不是评估）。

当然，有研究发现，一般来讲，学生倾向于给他们认为具有智力挑战性并且有助于他们迎接这些挑战的课程打高分，给易学的并且收益不多的课程打低分。此外，还有两种情况促使学生打出稍高一点的分：①当他们受到高度激励；②他们学到更多东西，因此能够期待得到更好的成绩[44]。

教师除了关心教务部门给出的学生评分以外，还要通过设计合理的问题了解学生的学习收获，请同行评价和自我评价。这样才能合理评估教学质量，督促自己在下一次教学过程中不断改进和提升。

## 十一、如何面对教学失败

肯·贝恩在《如何成为卓越的大学教师》[44]中提到：教学失败在于没有从观念上影响学生，并且没有帮助学生理解本来应该理解的学习本质。目前我们没有严格的标准定义教学失败，但是作为教师如果看到学生对课堂教学不感兴趣，不能按照教学设计完成教学过程，以致教师失去存在感，产生挫败感，这可能就是教学失败的表现。当遇到这样的情况时，我们该怎么办？

范德比尔特大学哲学教授约翰·拉克斯（John Lachs）告诉我们："当我的教学失败时，是因为有些事情我没有做到位。"对优秀甚至卓越的教师而言，认识和界定缺点就足以显示他们的思维与众不同。很多教授从来就看不到自己教学中的问题，要不然就认为他们无法改正缺陷，因为他们认为"大师是天生的，不是后天造成的"。恰恰相反，最卓越的教师如果没有把学生教好，他们确实能看到问题所在，而且他们尽力避免让失败影响自己的自信心，并相信加倍努力可以将问题解决。

当然，他们有时候被学生搞得心灰意冷，偶尔也流露出不耐烦的情绪，但是因为他们愿意面对教学的失败，并且相信自己有能力解决问题，他们尽量避免对学生产生防范心理，围绕自己筑一道围墙。

对于我们这些追求成功甚至卓越的教师而言，也要有解决问题的信心和勇气，坚信只要改变就有机会。

# 第十一章

# 大学生物课程有效教学的探索与展望

作为一线教师，课堂教学是教师的主要任务，课堂是教师的舞台。但是随着电子科技的快速发展，手机、电脑已经占据了学生的手和脑，课堂看到的不再是学生翘首倾听，而是低头玩手机或睡觉，就连九旬院士在人民大会堂的讲座也难逃此尴尬。低头族、手机控、睡觉等闷爆（boreout）现象犹如教学工作的“肿瘤”，不可不治。对于肿瘤的治疗有放疗、化疗、手术、生物治疗等多种方法，有时需要多管齐下才能有效。而对于教学，一线教师多年来也在不断探索、尝试，在诸多的教学方法和教学模式中寻找适合自己学科和课堂的良策，以期实现有效的教学。笔者亦是这其中的一员，以下通过回顾自己的教学实践对生物教学和教学模式予以反思和展望。

## 第一节　笔者以往教学实践反思

笔者自 2003 年开始从事课堂教学；2010 年开始“微生物学”

课堂教学和“微生物学实验”教学；2014 年春季开始“改变生活的生物技术”课堂教学。2011 年开始关注课堂教学改革，2011 年、2012 年借鉴武汉大学陈向东教授的教学方法，将“学生展板”引入课堂。2013 年，笔者参加了复旦大学教师教学发展中心第一期教师培训，根据美国的迪·芬克教育家“如何设计课程以促进深远意义的学习”[45]的思想，将“学生档案”引入教学，2014 年引入“一分钟课堂总结”。2015 年 8 月 21 日，笔者参加复旦大学举办的“走向主动学习——全国高校教学创新研讨会”，接触到对分课堂，10 天之后，将对分课堂应用到微生物学教学，12 月份发表了教学论文《“对分课堂”教学模式在微生物学教学中的应用》。2016 年 3 月，笔者又在“改变生活的生物技术”教学中继续采用对分课堂教学模式。

## 一、“学生展板”在教学中的应用

展板制作、展示与答辩的基本程序是：学生自由分组（4 人/组）→与教师讨论确定选题（选题公布在 E-Learning 网站上）→资料收集、整理→展板制作→答辩委员会由各小组推荐 1 名成员组成→展板的演讲与展示（抽签决定出场顺序、成绩当场公布）。学生们精心制作展板，现场交流邀请全国教学名师周德庆先生现场指导并进行录像。

展板汇报是武汉大学多年来一直采用的非常有特色的教学形式。通过展板的制作与交流，可以提高学生兴趣，多角度培养学生沟通交流能力，合作意识，增加了教学互动，培养了学生的倾听能力。在汇报阶段鼓励学生提问，全部由学生担任评委，体现公平意识、参与意识。图 11-1、图 11-2 是课堂交流的照片，最后将展板在院内公开，学生尽享成就感。

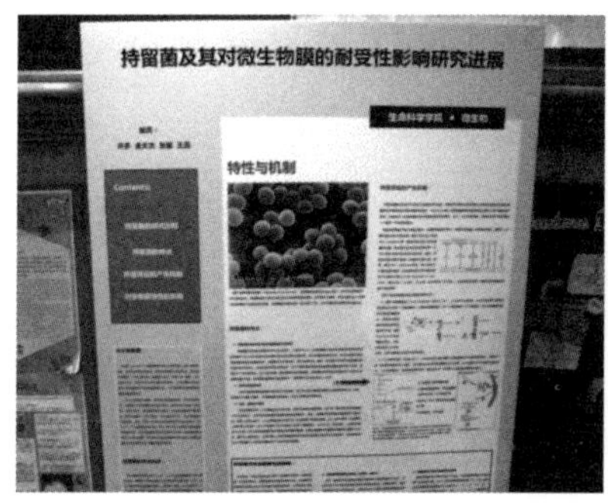

图 11-1　课堂交流 1

图 11-2　课堂交流 2

## 二、“学生档案”在教学中的应用

2013 年，笔者在微生物学教学中引入“学生档案”，这一环节设计在上课 5 周后，目的是增加对学生本身及学生在微生物课学习情况的了解。设置两个主要问题：①上微生物课 5 周半以来，我在学习什么？我所学的内容有什么价值？我学得怎么样（选项：最好、一般、还是有困难）？我还需要学习其他什么内容？②介绍自己目前的学习情况（包括具体成绩）和今后打算，希望在微生物课上增强哪些方面的知识？

很快得到学生积极的反馈，笔者整理出共性问题，在后期的教学中尽量考虑到学生需求。另外，在建立学生档案过程中，笔者逐一回复学生（24 人）邮件，一学期和学生保持交流，师生交流共 2.1

万字，其中学生 1.3 万字，教师回复 8000 多字。教学过程非常顺畅。有的学生还表达了自己的感动之情。

1）我学习了微生物研究的简单发展过程，原核、真核生物及病毒的基本结构形态和功能。现在学习的内容让我对微生物这个学科中主要的研究对象的性质，以及每种之间的通性、不同种之间的分类有了大概的了解。我觉得自己学习得一般吧，基本掌握了上次通过测验发现的一些性质、结构方面的内容，但是更加细节一点的菌种方面的知识还没有学习到位。我还需要学习微生物的研究方法及微生物在整个生物界中的位置、作用等。

2）上学期成绩绩点 3.12，学习上能理解老师上课的内容，不存在太大的困难，不过觉得笔头的具体试题练习不太多，主要还是通过看书、看 PPT 来复习、学习学科知识。今后准备直接工作，所以，我希望在微生物课上学习到一些与实际生活中生产、应用相关的知识。

另外，我对老师在教学上的热情很感动，可以说您是大学教过我的老师中最热情、最注重课堂及学生的一位。可能大家在之前的学习中上大课居多，习惯了听讲，所以对于这样不太大的课堂，不太会想直接表达自己的想法，同学们有听，但是不习惯做出太多反应，希望老师能够理解（因为有时候看到冷场我也挺着急的）。

2014 年继续建立学生档案，有学生反馈说：

刚开始很惊讶于竟有任课老师会布置这样的作业。当我把一些想法写下来后，突然有些感激这样的作业。让我知道现在的我在想些什么，让我知道我在困惑些什么，也让我更加了解现在的自己。是的，从前我们居然没有时间静心去了解自己。

## 三、“一分钟课堂总结”在课堂中的应用

### 1. 教学设计背景

根据俄克拉荷马大学教学发展项目部主任 L. Dee Fink 博士的《创造意义深远的学习经历：大学课程整合设计方案》[45]，笔者在课堂教学中增加了每堂课结束前写“一分钟课堂总结”这一环节，教师提出一个简短但重点突出的问题，让学生来回答，问题可以是这样的：“今天你学到的最重要的东西是什么？这次课中最不清楚的是什么？”学生将思考的结果写出来交给教师。通过这样的交流，教师不仅能了解学生学习状态，更主要的是提高了学生获取课堂讲授知识的主动性，鼓励学生对课堂内容进行质疑，激发学生获取更多知识的欲望。

### 2. 具体操作

上课伊始，教师须和学生们交流“教与学”的目的，并将“一分钟课堂总结”的具体做法告诉学生：请大家认真听课，下课前 1 分钟大家开始在教师提供的稿纸上写出自己：①这堂课的收获；②教师讲解的知识中你不懂的地方或质疑的地方；③你还希望教师讲解的内容。笔者每堂课都将他们写的内容收集上来，利用课下时间一一阅读，对共性问题在下一次课给予解答，有时也在小论文上直接批阅。助教将每次课堂问题汇集起来并协助教师给出部分问题的答案，然后将文档放到 E-Learning 上，供学生们参考、讨论。微生物学课程在学期结束后，共形成 2.6 万字的问题及解答。这一做法也在“改变生活的生物技术”中实践，而且这次鼓励学生参与回答问题，共汇集成 7.2 万字的文本，包含 239 个题目，有的题目要求学生参与

回答（图 11-3、图 11-4）。

**2014-2015 微生物学 问题汇总**

目录



图 11-3　2014—2015 年微生物学课程问题汇总

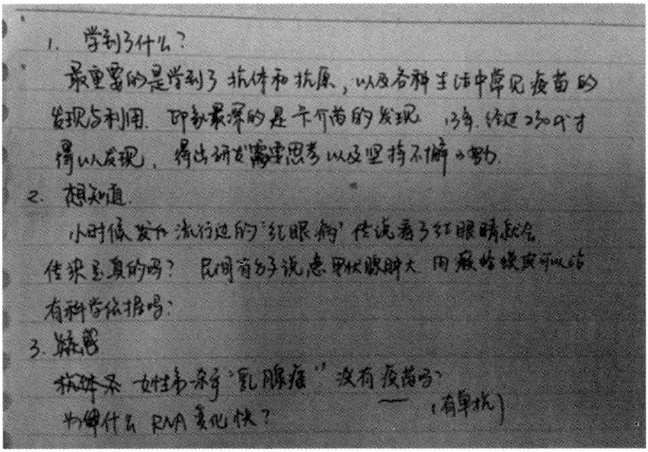

图 11-4　“一分钟课堂总结”示例

2014 年 10 月 28 日，笔者在“微生物学”课上进行“一分钟课堂总结”问卷调查，本次调查共下发问卷 32 份，收回有效问卷 32 份，其中认为“没有必要”的 3 份，认为“有必要”的 29 份，其中 22 人希望其他课程也使用这种互动方式，4 人不希望其他课程这样操作，有 3 人没有明确意见。

总体来看，90.6%的参与问卷调查的学生认为这样的教学设计“有必要”，主要理由是：①可以拓展课堂时间，一些来不及在课上或课间问的问题可以通过这种方式与教师交流；②可以利用这个方法整理当次课的大致内容，有一定巩固作用；③促进对课堂内容的思考；④有利于激发思考；⑤督促学生好好听课，可以促进学生在听课过程中多思考；等等。在问卷调查中又有 76%的学生希望这种做法可以拓展到其他课程，这充分说明该方法的积极意义。但是也有 24%的学生不希望其他课程采取这种形式，可能说明对该做法存在疑问。

接下来就是 2015 年的对分课堂教学实践。

## 四、对改变教学方法的再思考

自 2011 年开始思考改变课堂教学以来，到现在已经在 8 个教学班级实践了以上 4 种教学方法或教学模式。能够让笔者有如此动力去追求课堂教学效果的原因是：①在 2013 年复旦大学教师教学发展中心的第一期教师培训班上，台湾大学教育教学专家钱致榕教授说：我们培养的是未来 20～50 年的中国的人才，所以教授的不仅仅是现在的知识，更重要的是学习的能力、批判思维的能力和社会责任感。②在参加的一个“混合式教学模式”研讨会上，上海交通大学黄钢教授报告中提到：现在科学发展日新月异，课堂上教授的知识一半是错误的，关键是你还不知道哪一半是错误的，所以培养学生的学习能力、思辨能力就更重要！作为教师必须思考“如何教，教什么”的问题。另外，对教学的兴趣是驱使笔者不断前进的直接动力。

经过 8 个学期、4 种不同教学方法或模式的实践，笔者个人觉得对分课堂是真正的教学模式的转变，而其他可以说是教学方法的改变。教学模式的改变带动的是整体的、全局的教学过程改变，也可以说是学习模式的改变，而教学方法的改变是局部的，对学生而言是短暂的，类似作业任务。例如，贯穿整个学期的“一分钟课堂总结”，虽然可以调动学生学习提问、参与回答的积极性，但是因为缺少了面对面的沟通、讨论，学生对问题的关注度还是有限，有学生就反映说这是“为了提问而提问”，“课后不关注答案”。

因此，作为一种新型的教学模式，对分课堂会给课堂教学带来更深远的影响，当然在对分课堂教学模式下，依然可以加入“学生档案”等其他方法，增加教师对学生的了解。

## 第二节　对分课堂教学反思

教学如同其他事物的发展一样，也是一个在实践中探索、在探索中提升的螺旋式上升过程。随着越来越多教师的实践与交流，在实施对分课堂教学过程中出现的问题将会有更好的解决方法，使其真正成为改变目前课堂教学困境的模式之一，给传统教学课堂注入新的活力，给研讨类课堂提供新的元素，能真正让学生走向主动学习，做到不仅学习理解和记忆现有的知识，更主要的是学会如何学习、学会批判性思维，以及怎样创造性的应用课程中学到的知识解决实际问题、改变对自我和他人的看法、增强终身学习的意识，逐步满足以提高质量为核心的内涵式发展要求。

## 一、对分课堂在生物教学中的优势

通过对分课堂教学模式的尝试及学生们的反馈，笔者认为对分课堂在生物学教学中有以下几方面的优势。

### 1. 有助于培养研究型思维

生物学是一门交叉性非常强的学科，进入21世纪以来生物科学和生物技术的发展异常迅猛，已经影响到人类生活的方方面面。以“微生物学”为例，它是一门专业基础课，一门生物学专业的必修课，也是现代高新生物技术的理论基础与技术基础。但是由于其涉及领域广泛，知识点多，学生单凭机械记忆或考前突击很难掌握知识点之间的联系，更难以实现对知识的迁移。因此，历年来都会出现上课很认真，但是考试时答题语无伦次的学生。

对分课堂采用“讲授—内化吸收—讨论”的三部曲方式让学生对讲授内容、教材内容充分复习、吸收、质疑，然后讨论。这种建立在讨论基础上的记忆会更有效，对概念的理解更深入，更有助于发散性问题的提出和多角度解决问题能力的培养。而且，过程性评价更有利于创新性思维的培养。

2. 有助于变被动学习为主动学习

传统课堂教学是教师一言堂，学生仅仅处于一种“接受知识和思想”的被动地位，这也导致了逃课、低头族的现象。主动学习倡导者 C. Bonwell 和 J. Eison 是这样描述主动学习的：“让学生参与做事并且思考他们在做什么。”[46]参与做事，是指让学生参与诸如辩论、模拟、设计、小组活动、案例学习等教学活动。

俄克拉荷马大学教学发展项目部主任迪•芬克博士[45]在他的《创造意义深远的学习经历：大学课程整合设计方案》一书中强调：如果要让学习更为积极主动，就要学会怎样强化学生整体的学习经历，给学生提供进行经验学习和对自己学习进行自我反思的机会。这种主动学习的扩展观既要包括“获得知识、信息和思想”，又要包括“经历”和“反思”。这里的经历包括实际的或模拟的动手做和观察，是一种丰富的学习经历。反思包括关于学习内容或学习过程的小论文、学习档案和心得记录，可以是跟自我、跟同学、跟老师的对话。

对分课堂的核心理念是分配一半课堂时间给教师进行讲授，另一半给学生以讨论的形式进行交互式学习，突出课堂讨论过程，而这种讨论是建立在学生“获得知识、信息和思想”、经历了自己动手和观察的学习过程之后，即进入到与同学、与老师对话的反思阶段，所以是一个涵盖扩展性主动学习全过程的新模式。

3. 有助于促进教学相长

尽管关于教学相长的主体是教师？是学生？还是教师和学生？仍然存在争议，也不管教学相长是属于教学原则的范畴，还是“教师自我提高的规律”，抑或是学生的“学习规律”，总之，在对分课堂的教学模式中，学生和教师通过“讲授—内化吸收—讨论”的方式促进了生生交流、师生交流，加强了学和教这两个方面的相互配合，教与学得到同时发展。

教材只是基本知识的呈现，所以学生们在阅读教材、完成读书笔记环节时提出的一些问题，难以在教材中找到答案，需要自行查阅资料，拓展与问题相关的知识，完成“考考你”“帮帮我”的作业。这称为“自觉而学”。在讨论环节，每位学生摆出“考考你”的问题，供其他学生学习，这称为“效师”“效友”而学。讨论之后，教师要回答学生仍然存在的问题，这需要教师课后查阅更多的参考书和网络资源，有时一个问题需要花费 1～2 个小时互相比较、甄别，尤其是在国内教材偏少、雷同较多，必须阅读国外原版教材或跟踪最新的研究进展的情况下。但是，教师在回答学生问题的同时，也丰富了自己的知识。这称为“教师通过教而促进自身的学”。所以，无论从哪个角度看，对分课堂都是教学相长的催化剂。

除此之外，对分课堂的全班交流环节满足了学生对发言、交流思想的需求，有助于锻炼学生的语言表达能力，提高学生成就感。过程性评价也便于教师及时地了解学生的学习情况，做到个性化关注与交流，让低要求者能有一个保底的学习规划，让高要求者能有展示优异的空间。

## 二、对分课堂作为新型教学模式的优势

### 1. 不需特殊软硬件，容易上手

从对分课堂的整体教学过程来看，对分模式有别于传统课堂，

但又不同于翻转课堂、慕课、微课。教师无需任何特殊的软硬件设备即可应用到实体课堂。这大大扩展了对分课堂的实用性。教师需要做的仅是提炼教学重点、难点，有效组织对分课堂教学。这对于一般教师而言都能做到。

可以说，作为一种国内学者首次提出的新型教学模式，对分课堂既符合我国传统教学课堂为主的国情，又符合我国大部分地区还不具备大规模开展慕课、微课或翻转课堂的软件、硬件的情况。而这一看似不完全脱离传统课堂、不需要额外技术的教学改变却起到了“四两拨千斤”的作用，正在被各学科、各阶段教师采用，在全国的各类学校快速推广，以益于学生。

2. 满足不同教龄的教师需求，提高教学效果

从学生反馈来看，实践对分课堂不需要资深教师，即使青年教师也能够得心应手。青年教师，尤其是高校的部分教师多是人才引进的高级科研型人才，他们没有足够的精力投入到教学，更没有丰富的教学经历，面对当前课堂上的“刷屏一族”简直是无法应对，连多年的老教师也抱怨学生的上课状态。而对分课堂的教学组织过程可以更好地调动学生参与课堂教学，教师不再需要通过各种技巧吸引学生，可以专注于重点、难点的讲授。

3. 满足不同学生的学习要求，提升学习能力

教育最具挑战性的一个方面就是制定出让学生通过努力能达到又不超越学生实际掌握能力的目标极限。如果教学的内容仅处于让他们知道并且能够做到的范围内，那么他们就不能学到更多的知识，

形成更为有效的学习策略，但是如果教学设计超过了学生当前的知识和能力，学习起来又会非常困难[6]。对分课堂教学是具有层次性教学或层次性学习的模式，可以满足不同学生的学习要求。

在对分课堂的讲授阶段，教师依据选定的教材讲授关键概念，搭建知识框架，讲解重点和难点，这是教学内容的基本要求。在知识内化阶段，学生可以根据自己的需求投入适当的精力从教材、参考书、网络等渠道获取自己感兴趣的知识，这既有利于自我知识重构，又有利于拓宽知识面，提升学习能力。建立在内化吸收基础上的讨论交流，使得学生既可以转述对基本概念的理解，又可以质疑重点或难点，还可以提出超出教材的观点或问题。通过小组内交流，大部分疑难问题可以得到解决，不能解决的问题可以在全班交流或教师总结及课后交流中得到解决。这是一个巩固基本内容、拓宽知识和提升能力的过程。

在对分课堂模式的几个阶段，学生可以根据自身需求决定投入学习时间的多少。通过完成作业，学生可以得到平时成绩，如果个人愿意学习某课程，可以在其他阶段投入更多时间，直至获得更好的期末成绩和提升各方面的综合能力。

对分课堂灵活地解决了基于教学内容的教学目标极限问题，不仅符合学生多层次的需求，还促成了教学的终极目标——提高学生的学习能力的实现。

## 三、对分课堂对教师的挑战

教师是教学活动的组织者，是教学过程的主导，也是教学改革的实践者，所以任何一次教学模式的改变对教师而言都是一次挑战，对分课堂也不例外。

1. 简化和清晰化课程内容结构

对分课堂把相当比例的课堂时间（1/3～1/2）交给学生，这要求教师必须重新制定课程教学大纲，修改课件，简化和清晰内容结构，突出重点、难点，从而既能够在较少时间内帮助学生熟悉章节内容，又能让学生有效地理解课程重点和难点。

2. 提供高质量反馈

在过程性评价实施过程中，教师要及时地为学生提供关于他们学习状况的反馈信息。高质量的反馈具有频繁、及时、有区分、表达关爱的特点，能够强化学习。每次作业都要提供反馈，包括哪些地方好、哪些地方不好、如何改进等信息。同时还要一对一提供每次作业的成绩，保护学生隐私。

对分课堂强调关注不同的学习需求。学生在达到学校要求的前提下，根据自身情况规划在不同课程上的投入。学生需要知道每次作业的成绩，以便决定后期学习的努力程度。这些工作有可能会给教师带来一定的压力，尤其是对兼顾科研和教学的高校教师。

3. 深化专业素养，紧跟科研前沿

现代大学生的思维非常活跃，一旦他们认真对待某些任务，将会迸发出教师意料之外的创意、假设和问题。教师在备课阶段必须挑战自我，深挖教材内容，紧跟科研前沿，让自己具备扎实的基本功。学生讨论后，教师要回答仍然存在的问题，这需要教师课后查阅更多的参考书和网络资源，甚至需要阅读国外原版教材或跟踪最新的研究进展。

4. 精心组织对分课堂

有效的教学不仅依赖于教师对知识的把握程度，还依赖于教师对教学的精心组织。在实施过程中，如何合理分配每一堂课的讨论时间，如何指导学生在有限的时间内完成组内问题的讨论，如何营造和谐安全的课堂氛围都影响着一堂课乃至一门课的教学效果。

## 四、总结

对分课堂作为一种结合我国教育现状提出的原创教学模式，旨在解决我国高校教学质量降低的问题。笔者首次在高校生物学教学中应用了对分课堂模式，经过 2 个学期的教学实践、学生反馈和教师反思，总结了一些共性问题，也结合学生建议和教学体会提出了一些改进的思路和方法。希望这些总结与反馈能够促进同行交流，使教学改革的实践成为边做边改的实践，成为既有利于提高学生学习能力，又有利于提升教师教学能力的实践。

需要注意的是，对分课堂也是灵活的课堂，目前有隔堂对分、当堂对分、混合对分三种形式，教师需要根据课程性质、课程目标、生源的差别选择适合的形式。比如，通识课程与专业课程的差别，必修课与选修课的差别，专业学生与非专业学生的差别等。在实践过程中，教师需要及时与学生沟通，了解学生对课程满意度或学习满意度，还有哪些需求等；同时，也要注重学生学习习惯的养成，学习方法的借鉴和各种能力的培养。

一个优秀的、为学生着想的、以学生收获为教学目的的教师需要具有超强的对课堂氛围、学生情绪和教学效果的敏感性，并能据此做出相应的调整。心到哪里，行为就到哪里。唯有如此，教师才能走进教学、走入学生，才能给学生最好的课堂，成为学生最好的老师！

## 第三节　未来理想教学法展望

教学要有先进的理念和技巧，需要教师不断地投入时间，不断地提高自身的创造能力。最好的教学经常是一个智慧的创造，同时也是一门艺术的表演。

教学模式都是为教学目标服务的，所以不同的教学目标需要不同的教学模式，达成一个教学目标也可能需要多种教学模式。著名教育家乔伊斯建议教师要尝试更多的教学模式。他说，教学模式多种多样，有的教学模式只能够实现某个或某几个教学目标，有的可能会实现更多的教学目标，不同的教学模式可能具有相同的教学目标。也就是说，没有一种教学模式可以实现所有的教学目标。然而如果掌握了全部的教学模式，也就可以实现所有的教学目标了。无论是青年教师还是富有经验的老教师，了解并运用教学模式是促使其实现专业化教学的主要途径。

艾米莉·卡尔霍恩多次致信乔伊斯，说他有时认为应该把《教学模式》这本书取名为“学习模式”，因为真正的教育就是使学生懂得如何学习[6]。当我们在帮助学生获取信息、形成思想、掌握技能、明确价值观、把握思维方式和表达方式时，也在教他们如何学习。事实上，教学的终极目标就是提高学生的学习能力，使他们将来能够更加便捷有效地进行学习，使他们一方面获得知识技能，另一方面掌握学习的过程。如果教师能够掌握有效的教学技巧，并在教学中熟练地加以运用，就可以帮助学生顺利地达到学习目的。教师还可以运用不同教学模式帮助学生形成多种学习策略。教师使用的教学模式越多，学生习得的学习策略就越多，从而可以加倍提高学生的学习效率。

未来理想的教学法是根据授课内容采用一种教学模式为主、多种教学模式交叉使用的组合教学，理想的课堂教学是师生互动、教学相长、激烈的小组讨论、适量的作业、愉快而又和谐的高效学习的课堂。

# 参 考 文 献

[1] 教育部高等学校生物科学与工程教学指导委员会. 生物科学专业规范[J]. 高校生物学教育研究(电子版), 2011, 1(2): 3-9.

[2] 教育部高等学校生物科学与工程教学指导委员会. 生物技术专业规范[J]. 高校生物学教育研究(电子版), 2012, 2(1): 3-10.

[3] 教育部高等学校生物科学与工程教学指导委员会. 生物工程专业规范[J]. 高校生物学教育研究(电子版), 2012, 2(2): 3-10.

[4] 洪一江, 王军花, 朱友林. 基于 PBL 资助探究式网络教学模式在生物科学类多元化和创新型人才培养中的应用[J]. 高校生物学教育研究(电子版), 2011, 1(1): 21-23.

[5] 乔守怡. 生物学专业建设与人才培养现状分析[J]. 高校生物学教育研究(电子版), 2012, 2(3): 3-6.

[6] 布鲁斯·乔伊斯, 玛莎·韦尔, 艾米莉·卡尔霍恩. 教学模式[M]. 第八版. 兰英等译. 北京: 中国人民大学出版社, 2011.

[7] 丁文龙, 陈思宇. 布鲁斯·乔伊斯教学模式新探索述评——基于对乔伊斯《教学模式》第八版的探析[J]. 邢台职业技术学院学报, 2014, 32(4): 30-32.

[8] 余文森, 刘家访, 洪明. 现代教学论基础教程[M]. 长春: 东北师范大学出版社, 2007.

[9] 陈雯莉, 胡胜. 课堂之外——微生物学“翻转课堂”的改革实践[J]. 微生物学通报, 2016, 43(4): 735-741.

[10] 林娟, 周选围, 吕红. 翻转课堂在大学通识课程“改变生活的生物技术”的教学实践探索[J]. 高校生物学教育研究(电子版), 2015, 5(1): 6-11.

[11] 江信龙, 陈志峰. 试探“翻转课堂”的理论基础[J]. 福建基础教育研究, 2015, (1): 1-4.

[12] 赵萌萌, 李楠, 薛林贵. 以“五步教学法”创新微生物学课程教学模式[J]. 微生物学通报, 2012, 39(10): 1506-1512.

[13] 龙小山, 陆予云, 魏桂芬, 等. WPBL 教学法在“微生物学检验” 教学中应用的探索[J]. 微生物学通报, 2010, 37(8): 1234-1237.

[14] 陈峰. 知识关联教学策略在微生物学教学中的应用[J]. 微生物学通报, 2015, 42(9): 1802-1808.

[15] 李崴, 周宜君, 戴景峰. 浅谈案例教学在微生物学教学中的应用[J]. 微生物学通报, 2016, 43(2): 403-409.

[16] 张雄鹰, 程红兵, 陈云霞. 医学微生物学多元化教学模式探讨[J]. 基础医学教育, 2011, 13(1): 3-4.

[17] 曹媛媛, 张明, 唐欣昀, 等. PBL 教学法在微生物学教学中的应用[J]. 生物学杂志, 2013, 30(4): 97-99.

[18] 汪琨, 裘娟萍, 钟卫鸿, 等. 基于人生规划的小班研讨——以“微生物学”课程为例[J]. 微生物学通报, 2016, 43(4): 749-755.

[19] 唐蓓, 郝友进, 李影. 在遗传学教学中促进资助学习的探索[J]. 高校生物学教育研究(电子版)2016, 6(1): 36-38.

[20] Sandeen C. Integrating MOOCS into traditional higher education: The emerging mooc 3. 0 ERA. Change the Magazine of Higher Learning, 2013, 45(6): 34-39.

[21] 林标声, 沈绍新. 慕课、微课在地方应用型高校“发酵工程”课程教学中的改革与探索[J]. 微生物学通报, 2015, 42(12): 2475-2481.

[22] 刘继斌, 赵晓宇, 黄纪军, 等. MOOC 对我国大学课程教学改革的启示[J]. 高等教育研究学报, 2013, 36 (4): 7-9.

[23] 王光远, 田雪梅, 咸洪泉. 借鉴 MOOC 模式探讨“普通微生物学”课程教学改革[J]. 新课程研究, 2015, 10: 25-26.

[24] Tucker B. The flipped classroom: Online instruction at home frees class time for learning[J]. Education Next, 2012, 12(1): 82-83.

[25] Millard E. 5 Reasons Flipped Classrooms Work: Turning lectures into homework to boost student engagement and increase technology fueled creativity[EB/OL]. http://www.universitybusiness.com/article/5-reasons-flipped-classrooms-work [2012-11-20].

[26] 尹军霞, 沈国娟. 由任务驱动的团队自主合作学习教学模式在微生物学课程中的探索和实践[J]. 微生物学通报, 2016, 43(2): 410-416.

[27] 张学新. “对分课堂”: 大学课堂教学改革的新探索[J]. 复旦教育论坛, 2014, 12(5): 5-10.

[28] 刘明秋. “对分课堂”教学模式在微生物学教学中的应用[J]. 微生物学通报, 2016, 43(4): 730-734.

[29] 教育部高等学校生物科学与工程教学指导委员会. 普通高等学校本科生物类专业介绍 [J]. 高校生物学教育研究(电子版), 2011, 1(1): 3-8.

[30] 高等学校理科生物教材编审委员会. 综合大学微生物学教学大纲. 高等院校教学, 1981, 1: 43-45.

[31] 陈向东, 唐晓峰, 郑从义. 中外微生物学教材建设状况调查与分析比较[J]. 微生物学通报, 2008, 35(12): 1980-1986.

[32] 周德庆. 微生物学[M]. 第3版. 北京: 高等教育出版社, 2011.

[33] 沈萍, 陈向东. 微生物学[M]. 第8版. 北京: 高等教育出版社, 2016.

[34] 黄秀梨, 辛明秀. 微生物学[M]. 第3版. 北京: 高等教育出版社, 2009.

[35] Madigan M T, Martinko J M, Stahl D A, et al. Brock's Biology of Microorganism[M]. 13th. San Francisco: Pearson Education Inc., 2012.

[36] Willey J M, Sherwood L M, Woolverton C J. Prescott's Microbiology [M]. 10th. New York: McGraw-Hill Education, 2016.

[37] 马迪根, 马丁克. Brock微生物生物学[M]. 第11版. 李明春, 杨文博译. 北京: 科学出版社, 2009.

[38] 唐晓峰, 唐兵, 陈向东, 等. 英文教材 *Prescott's Microbiology* 的特点及其发展[J]. 微生物学通报, 2016, 43(4): 724-729.

[39] Braun R, Moses V. A public policy on biotechnology education: What might be relevant and effective[J]. Current Opinion in Biotechnology, 2004, 15(3): 246-249.

[40] 周选围, 林娟. “生物技术”类课程体系与教材建设[J]. 教育研究前沿, 2013, 3(2): 44-50.

[41] 哈佛委员会. 哈佛通识教育红皮书[M]. 李曼丽译. 北京: 北京大学出版社, 2010.

[42] 陈洪琳. 赫钦斯高等教育思想对我国大学通识教育的启示[J]. 文教资料, 2008, (3): 115-118.

[43] 吕红, 余垚, 刘明秋. “改变生活的生物技术”通识教育课程建设的探索与实践[J]. 高校生物学教育研究(电子版), 2014, 4(2): 26-28.

[44] 肯・贝恩. 如何成为卓越的大学教师[M]. 明廷雄, 彭汉良译. 北京大学出版社, 2007.
[45] 迪・芬克. 创造有意义的学习经历: 综合性大学课程设计原则[M]. 胡美馨, 刘颖译. 杭州: 浙江大学出版社, 2006.
[46] Bonwell Charles, Eison J. Active learning: Creating excitement in the classroom[J]. ASHE-ERIC Higher Education Report, 1991, 10(3): 25-29.

# 附　　录

## 附录 1　“微生物学”学生学习反馈摘录

问卷调查中，请学生根据自己的实际情况，或给出微生物学对分课堂的评价或建议；或谈谈在本学期的对分课堂中的体验与收获；或谈谈理想中的微生物学课堂是什么样子。以下是部分学生的反馈原文。

**学生 1：**

1）作业方面，个人认为微生物学应该算是基础学科，对于提出的问题应该以课本为主。

“考考你”可以改为对课本上重点内容的提问，“帮帮我”应该由课本或者课堂上的问题产生提问。身边有同学反映“帮帮我”部分直接去看 *Nature* 等权威杂志并提出相关问题写上参考文献可以拿 5 分。个人觉得看文献固然没错，但不论学习重点还是考试重点都应该是课本，为了拿高分而忽视了课本也会导致最终卷面成绩不理想。

2）讨论方面个人觉得组内分工没有必要分得那么细致。可考虑提高换组频率，如 2 周一换，这样可以增加交流机会。同时为了保证讨论的质量，签到并且占一定的分数是必需的，考虑惩罚迟到，不然有些小组仅有一两个人来，会影响讨论的效果。

3）关于对分课堂时间，个人认为30分钟左右比较合适，其中20分钟组内自由讨论，10分钟老师随机选两组同学来交流。同时由于课堂时间压缩，教师应该重新安排课时及重点、难点内容的讲解。

4）个人体会：

对于对分课堂其实一开始我是拒绝的，因为之前的所有生物类课程基本都是单一的老师讲课，期中有个小作业，平时基本没有什么事情纯靠考前一两周突击的形式。一开始的几次作业，由于刚开始内容比较基础简单，感觉没什么可写，“考考你”“帮帮我”感觉很难写，并且经常到了周日下午才会想起来还有微生物作业没有写。

随着学习的深入，我也感觉到课后整理一下读书笔记是很必要的。如第五章“微生物的新陈代谢”、第七章“微生物的遗传变异和基因工程”的三种基因交流方式等重点，不是上课听听、考前看看书就能记住的，但在读书之后用自己的方式、语言总结起来就容易记住得多。后来，我基本每次课后都会仔细做读书笔记，相对而言“考考你”和“帮帮我”就写得比较随意了。到了大家开始复习的时候，我可以复述下来本学期学了什么，重点是什么，而另外两个班的很多同学均表示教材都没看过，不知道讲了什么。最终复习也比较轻松，对着笔记看了一遍书，再看看重点就去考试了，结果还是很理想，而且有些学科基本考完就忘记了，而我现在还能背出来书中每一章讲了什么，重点是什么。

感觉对分课堂还是要比一般的课堂收获要多。我提问的能力不是很强，每次写“帮帮我”都写得很费脑子，而且经常写不出来就应付过去了。但在课上讨论的时候听别的同学提出的问题总能让我有耳目一新的感觉，我试着去思考他们为什么会提出这种问题，慢慢地自己发现问题的能力也提高了。大学两年半，感觉微生物是收获最多的一门课，原本我对微生物不怎么感兴趣，最后觉得这门课程、这门学科还是很有趣的。

**学生 2：**

在对分课堂中的体验与收获：通过参与对分课堂，在老师的鼓励下基本养成了自主学习、带着问题学习的习惯，养成了课后总结及再思考的习惯。老师循循善诱，讨论小组的同学都积极认真地参与讨论，课堂氛围活跃。总的来说，对分课堂让我们在思考中学习，而不是死记硬背。平时课后及时的总结对于我们掌握知识很有帮助。

**学生 3：**

1）希望在讨论过程中可以由老师或助教引导讨论，因为在讨论过程中有时同学会为了提问题而提问题，问题太发散，不能很好地回顾课本内容。

2）希望适当减少讨论次数，适当增加论文的阅读量（如写综述或精读一篇论文），这更有助于了解某一领域最新研究的进展。

3）本学期进行对分课堂的主要优点是平时整理笔记，减轻了学期末的负担，平时的复习比较从容，有利于记忆。和老师之间保持了良好互动，有问题可以及时得到解答，在大学期间这样的互动是比较少见的。我认为对分课堂有利于保持学生的学习兴趣，这学期的微生物课堂都很吸引我。

**学生 4：**

与传统课堂相比，我认为对分课堂在实行过程中对于老师是个考验。单说大学课程，课堂中的主体常常是授课教师，好一点的情况中，学生也只是被动地收入信息；更差一点的情况里，学生甚至只是出席课程。对分课堂需要调动学生的积极性，促进学生思考，从而使得学生能够主动的学习，并且灵活应用。因此老师需要找到切入点，引发学生们的思考，并且可以对大多数问题进行有启发的回答或引导，从而促使学生独立查找资料并深入地学习。如果老师有足够的渲染力，拥有很高的知识储备并对学科内在逻辑框架具有很好的把控的话，学生会很自然地产生探索的欲望，从而完成从教室到实验室的衔接。个人认为这也是大学教育的一个出发点。

其次，对于一些学生，他们对于科学并没有那么执着，思维也难以在这门课上活跃起来,这些人需要的就只是课程最基础的目的，即获取知识。那么授课老师如何在课上把课程重点清晰表达就成为了对分课堂的重点。这就需要老师对于整个课程的精确设计，从时间安排到讲课节奏等，成功的授课需要详略得当、重点清晰，哪怕并不华丽，也要把内容讲述明白，这不是课前一两天的准备就能够达到的。因此，对分课堂需要老师的投入，用精彩的授课、丰富的知识来带动学生自主学习、独立思考，从而顺利完成学生对于课程内容的掌握和学科思想的理解。

我认为上一学期的对分课堂实践是成功的。因病未参加期末考试，所以不能依据成绩的评估。但单就知识的掌握而言，对分课堂无疑是一种成功的形式。对分课堂引发的这种贯穿学期的学习，可以收获远远超出其他期末突击拿 A 的结果。期末突击复习的有效期或许只有考试的那两个小时，脑子里全都是零碎的书本画面，隔一天再考可能连及格都困难，但每周写读书笔记并总结要点，这样积累下来的内容才真的可以称为掌握的知识。除了能够更好地吸收知识，对分课堂还有一个优点就是能够使我们在交流中受到启发。一个人的思维总有局限性，而众多同学的想法汇集起来，对于每个人都是一种启发。这对我们而言，能够更好地理解学科思想，并引发对自然的深入思考。

在过去的课程中，每位同学都逐渐适应了对分课堂这种形式，刘老师的讲授也越来越精彩，希望在以后的课程中刘老师可以再创佳绩！

**学生 5：**

非常荣幸成为第一批体验微生物学对分课堂的学生之一，虽然这是一种全新的、尚未成熟的授课形式，但我也能体会到其“亮闪闪”之处。微生物学是生物科学专业高年级专业课，知识点繁杂，逻辑关系不易理清，尤其是“特例”较多很难记忆。在刘老师的课堂上，我虽然是班里唯一的 2014 级学生，基础薄弱，但在这种对分课堂模式下学习仍能游刃有余、有所收获。虽不说完全得益于这种模式，但也从对分课堂中受益匪浅。最重要之处，课后作业与课堂讨论的有机结合，使我们能于课堂之外倍加用功，否则必然在讨论中陷入尴尬。这种方式，说是鼓励也好，督促也罢，确实行之有效，与其他“水课”大相径庭。交流看法之时，也确会言之有物、言之有理，使之不再流于形式。同时，全新的考核方式也使我们不得不在平时更下工夫，从而打破了以往的考前“抱佛脚”的不良心态。对我个人而言，这门课，正如其教学大纲所言，完全达到了微生物学的学习目标。

当然，在共 16 周的课堂中，作为课堂的参与者，有一些问题仍然存在，粗略来说大致如下：①学生讨论之积极性虽高，但涉及讨论内容，或过于开阔而无边际，或过于细节而无意义。问题过于“形而上”，或是太细枝末节以至于老师也难以解答，这样就失去了讨论的意义。②提问之热情则过，解答之热情则不及，问题提出后，却懒于查阅资料，寻求答案，一旦提出，则坐等老师和同学解答，若无，则抛之脑后，实属虎头而蛇尾也。③观讲授部分之课堂情况，学生之热情似有于讨论中消耗殆尽之嫌，第四、五节课正值中午时分，学生难免精神萎靡，如何避免此种情况，似有讨论之空间。

**学生 6:**

就个人而言，微生物学对分课堂相比传统课堂，其教学方式趋向多元化，主要是补充了课堂的讨论环节，换言之学生不再只是一味地聆听，还要去质疑，去深入地思考所学的知识，这大大丰富了我们汲取知识、应用知识的方式，且由于有了一部分的讨论，给原本枯燥单调的课堂注入了新的活力。课后又有读书笔记的环节，这与其他的同类课堂不同，每次课后都需要进一步反思所学，而不是听过就忘记，相对其他课程而言，复习前明显有了清晰的知识脉络，有一个对于微生物学的整体认识。

但是我觉得这种对分课堂还有可以改进的地方，譬如，一些讨论可以穿插在各节课中，而不是集中在一节课，这样可以规避讨论课后，讲授环节又恢复到传统授课的状态。另外由于时间有限，我认为老师可以课堂上划定一些重要范围，从而缩小读书笔记抑或是提问的选取范围，使得一些知识的掌握更具有针对性，加深对于重要难点的攻破。

整体来看，这一学期我在微生物学这门课上确实花了很多的工夫，对分课堂也大大增加了学生对于课堂的积极性，但是期末的考试成绩还不是很满意，可能是由于对相应知识点的考察方式，或者对于答题的技巧重点的剖析及掌握不足，因此，我认为教学期间可以增加一些相应习题的讨论分析，从而弥补单纯的讨论接受的不足之处。

**学生 7：**

进大学后基本没有老师会再督促学生学习了，一切全靠自觉。就我个人而言，除了本身喜欢的课（动植物、生态学、语言学习、法医相关、艺术类等），其他的都不太想学，每次都是期末临时“抱佛脚”。

而对分课堂所要求的作业：每个星期的及时回顾、画重点、发现疑问及尝试解决等就显得十分必要。这大概是对我这种学习积极性差的人唯一有效的手段吧。为了完成作业，就必须趁着自己对课上内容还有点印象时就巩固一遍，这对于知识点的理解、理顺是很有帮助的（有几次我上课的时候困了，听不进去，回去看 PPT 的时候就有很多地方卡住，弄不懂）。

不足之处也是有的：

1）学习负担比较重。相比较于其他必修课，这门课明显需要学生一边看课件、教材，一边动脑筋、开拓思维。虽然老师问过我们每个星期做这个作业花多少时间，但我想大部分人都没有如实回答，因为这么多事情怎么可能在一两个钟头里面搞定呢……我一般情况下需要一整个白天才能搞定，而且经常为了钻研一个小问题就花掉一两个小时。

2）考试重点与平时作业重点的偏离。从期末考试的情况来看，不少人表现出的水平跟作业质量不对应，就比如我。

不过我觉得平常作业就应该抛开应试的想法，随着兴趣来。通过读书笔记跟“亮闪闪”来适当总结归纳重点，当然记忆也是必要的（不过我写的时候完全没打算去记，这也造成了期末考得不好），但对我来讲重头戏在于“考考你”“帮帮我”这两项。

虽然有时候绞尽脑汁都想不出问题，但一旦想到点什么就会脑洞大开，然后拼命上网查资料，尽量给出一个自己觉得讲得通的解释（还有发觉 PPT 和教材上不明晰、甚至错误的地方，通过查各种资料，比较权衡再给出修正，也很有成就感）。说实话，我想要的“学习”就是这种学习，对一些东西好奇，然后再去寻求解释，这是我想要弄懂的、印象深刻的、能长期记住的知识。

我的语文不太好，讲得比较乱。不管怎么说，期末我考得很差，真的很惭愧……在群里面也不想发言了……也无法直视您……不过无论如何，这门课中我还是学到了很多，虽然与考试无关（没能达到修这门课的预期水平，我还能讲什么啊）。总之，对分课堂我还是蛮看好的，特别是看到老师备课的密密麻麻的纸，以及在群里一直热心解决着我们的问题……很感动，大学里面这么认真负责关心学生的主课老师真的不多了。

希望老师的对分课能越开越顺利，也能推广到别的课上去。

**学生 8：**

关于作业中的三个部分的科学性有疑惑：“亮闪闪”“考考你”“帮帮我”。其中，“亮闪闪”是课本的重点或难点，或者对自己来说全新的有趣的知识点，这个很有必要。但是“考考你”这一部分，其实每次写作业时都是从“亮闪闪”中分出来几点凑成“考考你”的三条，我觉得这两部分没有根本性区别，“考考你”没有什么非写不可的必要。至于“帮帮我”，如果是有感而发的问题，那很不错。但是老师硬性要求提够三个问题，就导致我们绞尽脑汁提一些并不重要的或者太宽泛的问题，没有建设性。所以希望不要规定必须提多少个问题。“帮帮我”中问题提得不合理，直接导致讨论课上花费很多时间讨论没有意义的事情。

# 附录 2　教师与学生沟通摘录

## 案例 1：邮件交流

**20150913 作业 1**

**学生**：如题！没想到居然写了这么多……这周的主题是用几何图形来帮助记忆！

**老师**：很好，谢谢！

**20150921 作业 2**

**老师**：收到作业 2，谢谢！作业 1：3.5 分。

**学生**：老师，我第一次做这种笔记总结类型的作业，不知道如何去做，所以自觉做得不好。我能麻烦您点评一下作业并给我一点建议吗？我希望借此提升自己的学习效率，用更少的时间取得相同乃至更好的效果，拜托老师了！

**老师**：您好!在你第一次的作业中，从课后笔记来说是非常仔细、丰满的，看出来你是非常认真设计完成的，尤其是还提出用五色来归纳微生物在实践中的作用。只是缺少了一部分的内容，即在知识内化的同时，总结出“亮闪闪”“帮帮我”“考考你”，目的是为课堂小组交流做准备，这是读书笔记的真正作用。小组讨论才是对分课堂的核心，因为同伴的交流可以更深化对本课程知识的理解，也激发对本课程以外知识的综合运用，是思维锻炼、激发新思路的过程，最终达到知识的迁移、学以致用，避免死记硬背，考完忘光的无效学习。你可以再仔细看看教学大纲上面关于作业这一部分，相信你会更清楚。期待你的作业！

**学生：**谢谢老师！主要第一次做作业不知道要把“亮闪闪”“考考你”和“帮帮我”写在作业上。其实我是想了的，总之，我会继续努力的！

**20150927 作业 3**

**老师：**收到作业 3，作业 2：4 分。建议：①在“考考你”中，有新意的问题可以写几个要点；②“帮帮我”，如果有自己的思考，也可以简单写一下，作为讨论时的提纲。

**20151128 没有作业**

**学生：**不知道为什么 E-Learning 没开，我就发邮件了，麻烦老师了。每次问题都很蠢，而且想谈一点迟到的感想，最近才有的，原谅我的迟钝。

说实话，我一开始确实很不习惯这种讨论提问的方式，甚至觉得有点“被思考”了。但是在课堂的氛围浸染下我发现自己的思维开始变得活跃，也敢于质疑教材里的内容，自己去找证据收集资料，这是把我们从被动“填鸭式”学习引导到主动学习的一种非常好的方式。像我一样，一旦经过了过渡期就会渐入佳境而且觉得受益匪浅。因此在过渡期，需要老师对学生的帮助和讨论的引导以让他们尽快习惯新模式，摆脱发言羞涩或者不主动思考的习惯同时又不让学生产生厌烦的心理，我认为这对于对分课堂的开展是至关重要的。

**老师：**你好！很高兴收到你的主动反馈！更高兴你能够从中受益！这是我非常期待的状态。

本周没有发布作业，因为大多数同学只要有2次作业就可以了，所以后面的作业肯定是够次数了。不发布作业的目的有两个方面：①看你们是否已经习惯了自己写读书笔记；②也让你们的交作业情绪舒缓一下。看得出你确实是已经养成了这个好习惯，就如你反馈中所言，思考也会成为一种习惯。

其实，老师也在体验、实践这种对分课堂教学，也在此仔细阅读教材，思考你们会提出哪些问题，而且在其他方面也开始尝试着思考、提问，总之，我也从中受益！

好了，作业收了！有想法继续反馈给我，再次感谢！

**20151208 作业 10**

**老师：**第10次作业，作业10：4.5分。

**说明：**该学生每次作业都认真完成，仅有第一次3.5分，其余多为4～4.5分，最高5分，2次。小组讨论时积极发言，最后期末成绩B+。整个学习过程中，该学生表现都很积极，没有倦怠情绪。

## 案例2：微信群沟通

除了有关作业的沟通外，教学过程中也要保持沟通，笔者在课外通过微信群与学生交流，以下是最后一次课及考试后与学生的部分交流记录。

**学生 1**：听同学说您在最后一节课总结了一学期的学习教学情况。我觉得对分课堂的形式特别好，尤其是对于本科生，特别能给我们（尤其是我这种不爱好好学习的）自主学习的动力，而且在课堂讨论的时候，每次讨论都能从别的同学那里学到新的东西，学习的同时也会有点不服气,就会问自己为什么不能提出这么好的问题，也就会更加努力地自学和查找资料。

**老师**：我这节课是最精练的一次讲解，既重点突出，又语言精练，也找到了对分课堂中如何讲，讲什么的一点点感觉。其他章节还可以再精练，把节省的时间更有效地用于交流和讨论。

**学生 1**：好！对分课堂实施时最大的难点就是，如何在时间缩短的情况下把所有的课程重点讲明白。

**学生 2**：很难说如果我们平时都不用功，在这学期这样的考试密度下这门课会考成什么样子。

**学生 3**：对分课堂很好。微生物涵盖的知识太多，拿第九章来说，在医学院是一门花 6 周上的必修课。对分课堂能让大家在平时多花时间，能了解的知识比全部靠考试突击来得好。

**学生 4**：平时写作业的时候都认真看过，但这几年记性不好了，再加上同时要弄其他的科目，比如讲 7 号的发育生物学，所以心定不下来。事实证明只有一门学科坚持课后温习是没用的，所有科目都这样子才可以，期末复习才会轻松……。

**学生 5**：周德庆老先生说“任他速记速忘”。

**学生 6**：一直以来重点主要摆在“帮帮我”上面，脑洞开大了。

**学生 7**：谢谢老师，通过对分课堂也让我们重新思考了对大学课堂的定位，我们和老师应该如何参与其中，这个课堂能让我们更加投入，也更加明白通过课堂我们应该做什么，在课下又该做什么。

**学生 8**：讨论的内容还有待改进。

**老师**：每年考试时都有同学过度疲劳——缓考、考场睡着等情况，既心疼又需要老师和学生反思——评价体系和学习习惯。

**老师**：面对期末的考试，对分课堂还有需要改进的地方：平时讨论时既要体现宽口径又要厚基础。

**老师**：好在大家基本都完成了平时作业，但是不是这样反而会放松了期末复习呢？

**老师**：好在我们的评价一半（以前 30%）在平常，所以相对于以往的评价体系也算是改变了。

**老师**：从试卷上反映了很多学生的变化：有后起之秀，有一贯坚持，有临场发挥失常。总体来说，有付出才可能有回报，一分耕耘一分收获。

**老师**：昨天参加一个教学会议，领导们提出：教学除了传授知识，还有育人，怎么育人呢？说要体现哲学思想。不知上面那句宽心话算不算？不过“正确的时间做正确的事”倒是应该的，比如，大家现在主要任务就是学习知识、培养能力、提高综合素质，再不敢放纵自己才是。

**老师**：希望大家学到的东西大于期末考试的内容，那咱们的努力也就值了！

**老师**：可是如何双赢呢？

**学生 9**：其实理论上双赢是不可能做到的，只有在考核和学习之间博弈。

**老师：**非常感谢你们积极参与教与学的思考！那老师就更有动力去思考、实践、再思考、再实践！欢迎发表更多想法、建议和意见！

# 附录3　“改变生活的生物技术”对分课堂的调查问卷及结果

第1题　您的性别：　[单选题]

| 选项 | 小计 | 比例 |
|---|---|---|
| 男 | 12 | 50% |
| 女 | 12 | 50% |
| **本题有效填写人次** | **24** | |

第2题　您的年级：　[单选题]

| 选项 | 小计 | 比例 |
|---|---|---|
| 大一 | 16 | 66.67% |
| 大二 | 1 | 4.17% |
| 大三 | 6 | 25% |
| 大四 | 1 | 4.17% |
| **本题有效填写人次** | **24** | |

第3题　本门课程试图通过教师讲授，帮助学生熟悉章节内容，克服重点、难点，为课后学习及读书笔记奠定基础。你是否认同这

个目标？ [矩阵单选题]

| 选项 | 很不认同 | 不很认同 | 保持中立 | 比较认同 | 非常认同 |
| --- | --- | --- | --- | --- | --- |
| 占比 | 0(0%) | 0(0%) | 0(0%) | 8(33.33%) | 16(66.67%) |

第 4 题 本门课程试图通过教师讲授，帮助学生熟悉章节内容，克服重点、难点，为课后学习及读书笔记奠定基础。这个目标是否达到？ [矩阵单选题]

| 选项 | 基本没有 | 达到较少 | 保持中立 | 达到不少 | 基本达到 |
| --- | --- | --- | --- | --- | --- |
| 占比 | 0(0%) | 0(0%) | 0(0%) | 13(54.17%) | 11(45.83%) |

第 5 题 本门课程试图通过读书笔记和作业，促进学生对章节内容的认真学习，为分组讨论做好准备。你是否认同这个目标？ [矩阵单选题]

| 选项 | 很不认同 | 不很认同 | 保持中立 | 比较认同 | 非常认同 |
| --- | --- | --- | --- | --- | --- |
| 占比 | 0(0%) | 0(0%) | 1(4.17%) | 8(33.33%) | 15(62.50%) |

第 6 题 本门课程试图通过读书笔记和作业，促进学生对章节内容的认真学习，为分组讨论做好准备。这个目标是否达到？ [矩阵单选题]

| 选项 | 基本没有 | 达到较少 | 保持中立 | 达到不少 | 基本达到 |
| --- | --- | --- | --- | --- | --- |
| 占比 | 0(0%) | 0(0%) | 1(4.17%) | 13(54.17%) | 10(41.67%) |

第 7 题 本门课程试图通过分组讨论，使学生互相促进、化解疑难，达到对章节内容的深入理解。你是否认同这个目标？ [矩阵单选题]

| 选项 | 很不认同 | 不很认同 | 保持中立 | 比较认同 | 非常认同 |
|---|---|---|---|---|---|
| 占比 | 0(0%) | 0(0%) | 0(0%) | 8(33.33%) | 16(66.67%) |

第 8 题　本门课程试图通过分组讨论，使学生互相促进、化解疑难，达到对章节内容的深入理解。这个目标是否达到？　[矩阵单选题]

| 选项 | 基本没有 | 达到较少 | 保持中立 | 达到不少 | 基本达到 |
|---|---|---|---|---|---|
| 占比 | 0(0%) | 0(0%) | 0(0%) | 18(75%) | 6(25%) |

第 9 题　本门课程试图通过有特色作业或优秀作业的分享，使学生互相学习，共同提高。你是否认同这个目标？　[矩阵单选题]

| 选项 | 很不认同 | 不很认同 | 保持中立 | 比较认同 | 非常认同 |
|---|---|---|---|---|---|
| 占比 | 0(0%) | 0(0%) | 4(16.67%) | 10(41.67%) | 10(41.67%) |

第 10 题　本门课程试图通过有特色作业或优秀作业的分享，使学生互相学习，共同提高。这个目标是否达到？　[矩阵单选题]

| 选项 | 基本没有 | 达到较少 | 保持中立 | 达到不少 | 基本达到 |
|---|---|---|---|---|---|
| 占比 | 0(0%) | 1(4.17%) | 4(16.67%) | 13(54.17%) | 6(25.00%) |

第 11 题　本门课程试图通过督促学生完成读书笔记把学习落实到平时，而不是积压到期末考试前。你是否认同这个目标？　[矩阵单选题]

| 选项 | 很不认同 | 不很认同 | 保持中立 | 比较认同 | 非常认同 |
|---|---|---|---|---|---|
| 占比 | 0(0%) | 0(0%) | 0(0%) | 5(20.83%) | 19(79.17%) |

第 12 题　本门课程试图通过督促学生完成读书笔记把学习落实到平时，而不是积压到期末考试前。这个目标是否达到？　[矩阵单选题]

| 选项 | 基本没有 | 达到较少 | 保持中立 | 达到不少 | 基本达到 |
|---|---|---|---|---|---|
| 占比 | 0(0%) | 0(0%) | 0(0%) | 11(45.83%) | 13(54.17%) |

第 13 题　本门课程试图采用平时作业和期末考试相结合的考核方式，来更准确、更公平地评估学生的学习效果。你是否认同这个目标？　[矩阵单选题]

| 选项 | 很不认同 | 不很认同 | 保持中立 | 比较认同 | 非常认同 |
|---|---|---|---|---|---|
| 占比 | 0(0%) | 0(0%) | 0(0%) | 4(16.67%) | 20(83.33%) |

第 14 题　本门课程试图采用平时作业和期末考试相结合的考核方式，来更准确、更公平地评估学生的学习效果。这个目标是否能够达到？　[矩阵单选题]

| 选项 | 基本不能 | 不太可能 | 保持中立 | 比较可能 | 基本能够 |
|---|---|---|---|---|---|
| 占比 | 0(0%) | 0(0%) | 0(0%) | 8(33.33%) | 16(66.67%) |

第 15 题　本门课程通过读书笔记的形式，让学生根据个人学习生物学的兴趣、动机和时间，掌控在本门课程上的学习负担。你是否认同这个目标？　[矩阵单选题]

| 选项 | 很不认同 | 不很认同 | 保持中立 | 比较认同 | 非常认同 |
|---|---|---|---|---|---|
| 占比 | 0(0%) | 0(0%) | 1(4.17%) | 14(58.33%) | 9(37.50%) |

第 16 题　本门课程通过读书笔记的形式，让学生根据个人学习生物学的兴趣、动机和时间，掌控在本门课程上的学习负担。这个

目标是否达到？　[矩阵单选题]

| 选项 | 基本没有 | 达到较少 | 保持中立 | 达到不少 | 基本达到 |
|---|---|---|---|---|---|
| 占比 | 0(0%) | 0(0%) | 2(8.33%) | 12(50.00%) | 10(41.67%) |

第 17 题　本门课程试图通过抽取小组代表全班交流、鼓励学生发表不同见解的形式，促进学生提高表达能力和倾听能力、培养质疑精神。你是否认同这个目标？　[矩阵单选题]

| 选项 | 很不认同 | 不很认同 | 保持中立 | 比较认同 | 非常认同 |
|---|---|---|---|---|---|
| 占比 | 0(0%) | 0(0%) | 0(0%) | 7(29.17%) | 17(70.83%) |

第 18 题　本门课程试图通过抽取小组代表全班交流、鼓励学生发表不同见解的形式，促进学生提高表达能力和倾听能力、培养质疑精神。这个目标是否达到？　[矩阵单选题]

| 选项 | 基本没有 | 达到较少 | 保持中立 | 达到不少 | 基本达到 |
|---|---|---|---|---|---|
| 占比 | 0(0%) | 0(0%) | 0(0%) | 13(54.17%) | 11(45.83%) |

第 19 题　本门课程中，教师及时地对学生的读书笔记进行打分、课后疑难问题互动，鼓励了学生学习，促进了学生进步。你是否认同这个目标？　[矩阵单选题]

| 选项 | 很不认同 | 不很认同 | 保持中立 | 比较认同 | 非常认同 |
|---|---|---|---|---|---|
| 占比 | 0(0%) | 0(0%) | 1(4.17%) | 6(25.00%) | 17(70.83%) |

第 20 题　本门课程中，教师及时地对学生的读书笔记进行打分、课后疑难问题互动，鼓励了学生学习，促进了学生进步。这个目标是否达到？　[矩阵单选题]

| 选项 | 基本没有 | 达到较少 | 保持中立 | 达到不少 | 基本达到 |
|---|---|---|---|---|---|
| 占比 | 0(0%) | 0(0%) | 1(4.17%) | 9(37.50%) | 14(58.33%) |

第 21 题　你每周花费在本门课程阅读教科书章节内容上平均时间为_____小时。　[矩阵文本题]

第 22 题　你每周花费在本门课程读书笔记和作业上平均时间为_____小时。　[矩阵文本题]

第23题　你认为你在本门课上的学习负担是否合适？　[矩阵单选题]

| 选项 | 负担太重 | 负担较重 | 比较合适 | 负担较轻 | 负担很轻 |
|---|---|---|---|---|---|
| 占比 | 0(0%) | 3(12.50%) | 19(79.17%) | 2(8.33%) | 0(0%) |

第 24 题　你认为是否应该签到？　[单选题]

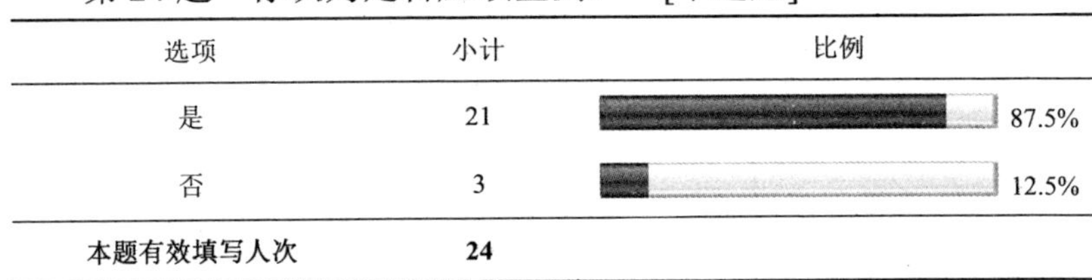

| 选项 | 小计 | 比例 |
|---|---|---|
| 是 | 21 | 87.5% |
| 否 | 3 | 12.5% |
| **本题有效填写人次** | **24** | |

第 25 题　你认为本课程更适合采用隔堂对分还是当堂对分？[单选题]

| 选项 | 小计 | 比例 |
|---|---|---|
| 隔堂对分 | 16 | 66.67% |
| 当堂对分 | 8 | 33.33% |
| **本题有效填写人次** | **24** | |

第 26 题　在本门对分课堂形式的学习上，你对自己的学习效果是否满意？　[矩阵单选题]

| 选项 | 很不满意 | 不满意 | 保持中立 | 比较满意 | 非常满意 |
| --- | --- | --- | --- | --- | --- |
| 占比 | 0(0%) | 0(0%) | 2(8.33%) | 16(66.67%) | 6(25.00%) |

第 27 题　与传统课堂相比，你对本门课采用对分课堂的总体评价如何？　[矩阵单选题]

| 选项 | 对分很好 | 对分较好 | 保持中立 | 传统较好 | 传统很好 |
| --- | --- | --- | --- | --- | --- |
| 占比 | 10(41.67%) | 11(45.83%) | 2(8.33%) | 0(0%) | 1(4.17%) |

第 28 题　如果修读其他课程，同时提供对分课堂和传统课堂，你会如何选择？　[矩阵单选题]

| 选项 | 采用对分 | 倾向对分 | 保持中立 | 倾向传统 | 采用传统 |
| --- | --- | --- | --- | --- | --- |
| 占比 | 5(20.83%) | 11(45.83%) | 7(29.17%) | 1(4.17%) | 0(0%) |

第 29 题　你认为对分课堂可否推广到其他课程？　[矩阵单选题]

| 选项 | 很不可行 | 不很可行 | 保持中立 | 比较可行 | 非常可行 |
| --- | --- | --- | --- | --- | --- |
| 占比 | 0(0%) | 0(0%) | 8(33.33%) | 14(58.33%) | 2(8.33%) |

第 30 题　你是否认为只有资深教师才适合使用对分课堂？　[矩阵单选题]

| 选项 | 需要资深教师 | 资深较好教师 | 无需资深教师 | 青年教师也可 | 青年教师更好 |
| --- | --- | --- | --- | --- | --- |
| 占比 | 0(0%) | 9(37.50%) | 11(45.83%) | 3(12.50%) | 1(4.17%) |

# 附录 4 “改变生活的生物技术”学生学习反馈摘录

请根据自己的实际情况，或给出“改变生活的生物技术”对分课堂的评价或建议;或谈谈你在本学期的对分课堂中的体验与收获;或谈谈你理想中的“改变生活的生物技术”课堂。

**学生 1:**

我认为，对分课堂能够真正地鼓励每一个同学参与到课程之中，教会学生知识的同时，也促进了学生交流与表达的能力的提高。

在前一学期的期末时，老师说出“这一学期的课程到这里就结束了，谢谢大家”的时候，我莫名觉得有些伤感，一方面是伤感与教了一学期的老师分别；另一方面是伤感这一学期下来并没有踏实地学习。同学有言“那你还想学到什么，本来就是‘水课’”。我不禁想，到底是课“水”了我们，还是我们“水”了课？讲课的老师每一位都有认真地备课，但是究竟学到多少东西，还是取决于自己。很多人逃课固不必说，来上课的一部分睡觉，一部分玩手机，剩下的抱着对待“水课”的心态来上课。这种现象有段时间令我觉得：“我上大学难道就是为了这种日子？夜夜安枕，饱食终日。”有时真不如高考前的枕戈待旦，忙里忙外。

这学期的对分课堂有效地提高了大家的学习效率，我收获的不仅仅是知识，更是一种信念，一种真正的大学学习生活的信念。希望这种教学方法可以推广，让更多的同学获得启发。

在此，我想简单谈谈我对对分课堂优势的理解：

1）学生学习热情增加。学习效果更好，而且及时地总结和讨论更有利于记忆，相比于传统课堂的临考通宵硬记而言，这种方式让我们更轻松地记住了知识点。

2）老师讲得更有针对性。以前的老师上课不是我们不爱听，实在是有些枯燥，因为老师就是照着书本过一遍。我们什么地方不懂老师也不知道。下课去问又很花时间，尤其当我们下一节有课时这就变得更不可能，更有很多女孩子压根就不好意思去问，而采用对分课堂的方式我们可以及时反馈自己的薄弱环节。

3）有利于我们自己安排学习时间。这样一定程度减轻了学习压力，而且没有硬指标，我们很忙的时候可以简单写写，有时间的话我为了拿个好成绩也为了面子就会很认真地去写。

4）有利于师生间的沟通交流。可以让我们和同学聊聊，互补弱点，也可以和老师更进一步交流，让有疑问的同学第一时间得到答疑。一学期下来，我们还交了几个朋友。

最后想随便谈谈自己的一些建议。对分课堂需要同学们认真地参与才能最大限度地发挥其价值，所以希望老师加强对缺勤学生的要求。从我自己的经验来看，无故缺勤的同学大多数未认真准备当天的讨论，这样也影响了同组的交流。

差不多就是这些，谢谢老师一学期的辛苦！

**学生 2：**

**收获：**①亲自动手培养了酵母等，感受到做实验并不是像书本上那样按部就班就能够完成得很好，总会有意外出现，感觉实践提高了学习的积极性和兴趣；②平时的课程笔记改掉了我把学习整理留到期末的坏习惯，感觉及时定时温习效果很好，而且有一些新的收获；③对分课堂，小组间的“考考你”“帮帮我”让我受益匪浅，大家的思维碰撞，奇思妙想的汇聚让我学习到了很多自己原本想不到的东西。除此之外，在这个课堂上，我们不仅仅学会了提出问题，更是培养了自己解决问题的能力，不再仅仅依赖于老师的回答。与小组成员的讨论，在网上进行文献的索取查询，都让自己独立学习的能力有了长足的进步，对自己以后的学习方式也是大有助益。

**理想中的课堂：**其实之前有选过别的选修课，老师上课只是放PPT，知识点有些专业，问题也无人回答，觉得这种课堂特别无趣，但是在“改变生活的生物技术”课堂上，我的想法被改变了。我觉得理想的课堂就是这样，师生互动、教学相长，激烈的小组讨论，真实的动手实践，适量的作业，愉快而又和谐的上课氛围，这些都大大提高了学习效率，如果能多一些实践就更理想啦……已向同学推荐这门课程。

**建议：**进行分组的时候可以适当专业搭配，以增加共同语言，课后线下交流和实验也较方便。

**学生 3：**

**建议：**要实现对分课堂，就要做出更多的准备工作，毕竟这是一种比较新颖的教学模式，要看学生们的接受程度，我提议可以在最开始的几节课预热一下，给同学们介绍对分课堂的基本模式，可以拿往届的学生做例子，及早地让他们熟悉了解对分课堂，这样的话，或许收益会比较大。

**体验与收获**：我是理科生，虽然在高中已经接触到了一些生物知识。但是“改变生活的生物技术”这堂课，依然让我受益匪浅。这是我第一次接触对分课堂这种新颖的教学模式，这种模式在后面看来，也的确卓有成效，它能极大地带动我们对上课时老师所授内容的思考、反思，课后的小作业的设置，也让我们投入更多的时间来学习、了解这堂课的内容。此外，我对于课堂内容的思考也比以往多了起来。这种良好的学习模式、方法，或者可以说是习惯是我最大的收获。

**学生 4**：

我与“改变生活的生物技术”的相识有点奇妙。尽管高中后来选择了文科，现在读的也是和生物搭不上边的法学，但是我一直对生物感兴趣，觉得它与人的生活息息相关，于是在选课时选了这门课。开学之后，原本开设在江湾校区的课程因为人数太少取消了，我犹豫过要不要为了这门课特意去一趟校本部，但是因为我确实是感兴趣（第一节课老师说这学期会做酒酿，课件描述的本学期的课程安排也很吸引我），所以我还是坚持选了这门课，现在想想也很感谢自己当初的坚持。

就像我第一节课感受到的那样，老师上课的讲授生动有趣，不依赖 PPT 上的文字，而是借助 PPT 进行深入浅出的讲授，让我能很好地集中于课堂。“改变生活的生物技术”采取的对分课堂模式于我而言是一个全新的尝试，我一开始有些担忧，觉得自己的知识储备不如理科同学，在对分课堂时不能很有效地参与其中。但是几节课之后，经过调整采取了隔堂对分模式，我能够在两堂课中间的空余时间对上节课的内容进行回顾，并且查阅一些资料，为下节课的对分课堂做好充足的准备,我开始越来越享受带着问题与同学探讨、用思维碰撞出火花的过程。

我认为对分课堂的实施效果斐然。①大家都带着问题来参与讨论，并且小组代表将讨论结果做分享，我可以无偿享用其他人的思想果实，并且大家想的问题都超出了课堂内容，是对课堂内容的拓展和深化，在巩固理解的同时极大地拓宽了我的知识面，在对分的过程中课堂上的所有人都在互相学习；②对分课堂的模式让大家都能参与到课堂当中，每个人都带着问题和其他同学交流，遇到困难马上合力解决，在解决问题的过程中享受成就感，不容易出现有同学玩手机、注意力不集中的情况，对提高课堂效率也是一种很好的办法；③我觉得对分课堂对老师而言或许也是一个学习的过程，在以后的授课时可以综合之前选课同学提出的问题，丰富课程内容。

但是从我个人角度，也是出于为之后选课的学弟学妹考虑的角度，希望对对分课堂提出一些小小的建议。①希望老师在以后实行对分课堂的时候能够控制好时间，因为讨论是一件容易失控的事，尤其是在时间方面；②希望鼓励大家和全班同学分享时更多地分享已经得到解决的问题，然后在现有答案的基础上大家再进行讨论，这样可能更有价值。如果只是提出未解决的问题，那么基本上是超出课堂所有同学的认知水平的，只能等待老师解答，这样可能会降低课堂效率。当然，以上只是我的个人想法，对分课堂教学模式总体来说是一个非常有益、有效的尝试。

读书笔记是这门课程给我的另一个惊喜。最初我还摸不着头脑，但是慢慢地我发现它的形式对我个人而言大有裨益。①读书笔记让我必须重新复习思考当堂课学过的内容，提出我自己的“亮考帮”，为下节课的对分课堂中有问题和知识能与大家交流做准备。②读书笔记的内容准备是对本堂课的重点的整理，为期末的复习减轻了不少负担。③因为我没有将读书笔记当做一样作业，所以我在写读书笔记的时候会采用多种形式，比如，第一次作业画了对比表格；第二次作业画了大肠杆菌生产人胰岛素的过程；第三次作业画了思维导图，所以每次的读书笔记都完成得很开心。

这是我第一次接触“改变生活的生物技术”这门课。一学期以来，这门课和上课的老师让我受益良多。非常感谢每次我问问题时老师的耐心解答（以及我不小心打碎烧杯的时候又超级善良地给了我一个），非常感谢这门课用对分课堂教给我的生物技术知识和学习方法，非常感谢这门课程满足了一个文科生进入生物楼和生命科学学院实验室的小愿望，也非常感谢这学期认真努力的自己。

真心祝福“改变生活的生物技术”这门课程能够越来越好！

**学生 5：**

在本学期的对分课堂中，我们在第一节课时便尝试了以小组的形式，对这门课所学习的课堂内容进行重点总结和难点讨论。这门课为选修课，大家彼此之间都不熟悉，在第一次讨论中也比较羞涩，大致地总结了一下课堂的内容，在难点讨论时便觉得缺少了很多想法。我们普遍习惯了在课堂上只听老师讲课的课堂形式，被动地接受着这些课的内容，不管有没有消化掉这些新的知识点，我们都一笼统地全接受了。在第一次小组讨论时就明显感觉到，看起来并不复杂的课堂知识里，如果深究其中的内容，其实还是有很多的知识点我们并不是完全了解，并没有完全掌握。比如说，我们都知道了啤酒是用麦芽和酵母一起发酵而来的，但普通的麦芽和酵母在任何环境下都能变成香醇的啤酒吗？显然不是的。麦芽应该如何处理，酵母应该如何添加进去，酿酒设施应如何提供一个合适的条件，都是我们应该在学了这个章节后思考的问题。如果只是传统的授课模式，我们学到的也只是课堂上老师教授的知识，而不会再对知识做进一步的思考与挖掘，我们就只是记忆的机器，而不是活学活用的学生。所以我觉得对分课堂最大的优点，就是可以让我们开动自己的脑筋，调用以往的知识储备，结合课堂所学知识，查漏补缺地学习课堂所涉及的相关知识。

其次，对分课堂提供了一次老师与同学们交流、同学们之间交流的机会。学习不仅是一个接受的过程，更是一个分享的过程。如果我们只是单纯地在课堂上听老师上课，做做笔记，回去看看课件，那我们可能得到的只是这份课件上写出来的内容。然而在小组讨论中，来自不同专业、不同年级的同学们脑洞大开，纷纷提出自己在这节课上所学知识的想法和疑惑。比如，在讨论克隆羊多莉时，来自文科的同学可能会好奇克隆羊与普通羊的区别及其带来的社会影响等，来自理科的同学可能会关心克隆羊的寿命及形态特征等。对于同一个问题，就有了多角度多专业的思考，而且很多时候，小组讨论不仅是提出问题，同时也在解决问题。有时候问题可以由高年级的理科同学用自己所学的专业知识回答，有时候大家都一筹莫展时，在网上搜索一下也能寻找到答案。最重要的是，在结束了小组讨论后，我们还可以写下小组尚未解决的问题，请老师和助教为我们解答。课堂时间允许的情况下，老师会请一至两个小组向全班展示一下小组讨论的内容，所以小组讨论又扩大至了班级讨论，小组内可能没有讨论到的问题，此时在别的组就可以反映出来。课堂结束后，我们的小组讨论及班级讨论还可以在微信群里继续。助教老师会在第一时间将收集的问题的答案反馈给同学们，并上传到 E-Learning 上供大家下载查看；若同学们仍有疑惑，在微信群里及时提出后，其他同学和老师也会第一时间解决这个问题。

除了在知识方面的收获，对分课堂中的小组讨论也给同学们提供了一次表达和展示自己的机会。我们可能学习能力尚可，但表达能力还远远不够。在小组讨论中，我们需要依次分享自己在这节课所学的知识，提出自己的问题并回答其他同学的问题。在这个过程中，我们锻炼了对知识的总结能力，对问题的思考能力及组织语言表达自己想法的能力。特别是代表自己的组向全班展示时，还必须有梳理总结的能力，概括性地提出组内总结的知识和思考的问题。在整个过程中，同学们之间的感情也在慢慢加深，从在同一个教室听课的同学变成了互相讨论帮助的学习之友；老师与我们之间的感情也在加深，老师不再仅仅是一个传授知识方，也是与我们共同讨论、共同学习的好伙伴。

上完本学期的课，我学到了许多与生活息息相关的生物技术的知识，并且与课堂上的同学和老师都结成了好伙伴，平时也经常讨论一些问题，受益匪浅。希望以后的课堂可以多添加一些实验内容，我们都挺喜欢实验课的；讨论的时候有时也会没有时间进行再分享或讨论，可以的话请老师考虑增开讨论课吧，让助教老师组织大家讨论；希望老师可以将对分课堂的形式延续下去，让以后上课的同学们都可以体会到上课与讨论并行的教学模式，这样才能对课堂上所学的东西印象深刻，以后也会在生活中灵活运用。

# 附录5 “微生物学”对分课堂调查问卷

亲爱的同学：

你好！本问卷属无记名调查，希望了解你对微生物学采用对分课堂这种新的教学模式的看法，为合理评估本次教学改革提供客观依据。请根据自己一学期的实际情况，在你认可的选项上画圈○。非常感谢你的支持！

2016年1月30日

1. 本门课程需要采用内容丰富、结构清晰、有一定难度和挑战性的教科书。你是否认同这个观点？选用的教科书是否合适？

   很不认同　不很认同　保持中立　比较认同　非常认同

   很不合适　不太合适　保持中立　比较适合　基本合适

2. 本门课程试图通过教师讲授，帮助学生熟悉章节内容，克服重点、难点，为课后学习及读书笔记奠定基础。你是否认同这个目标？这个目标是否达到？

   很不认同　不很认同　保持中立　比较认同　非常认同

   基本没有　达到较少　保持中立　达到不少　基本达到

3. 本门课程试图通过读书笔记和作业，促进学生对章节内容的认真学习，为分组讨论做好准备。你是否认同这个目标？这个目标是否达到？

很不认同　不很认同　保持中立　比较认同　非常认同

基本没有　达到较少　保持中立　达到不少　基本达到

4. 本门课程试图通过分组讨论，使学生互相促进、化解疑难，达到对章节内容的深入理解。你是否认同这个目标？这个目标是否达到？

很不认同　不很认同　保持中立　比较认同　非常认同

基本没有　达到较少　保持中立　达到不少　基本达到

5. 本门课程试图通过有特色作业或优秀作业的分享，使学生互相学习，共同提高。你是否认同这个目标？这个目标是否达到？

很不认同　不很认同　保持中立　比较认同　非常认同

基本没有　达到较少　保持中立　达到不少　基本达到

6. 本门课程试图通过督促学生完成读书笔记把学习落实到平时，而不是积压到期末考试前。你是否认同这个目标？这个目标是否达到？

很不认同　不很认同　保持中立　比较认同　非常认同

基本没有　达到较少　保持中立　达到不少　基本达到

7. 本门课程试图采用平时作业和闭卷考试相结合的考核方式，来更准确、更公平地评估学生的学习效果。你是否认同这个目标？这个目标是否能够达到？

很不认同　不很认同　保持中立　比较认同　非常认同

基本不能　不太可能　保持中立　比较可能　基本能够

8. 本门课程通过读书笔记的形式，让学生根据个人学习微生物学的兴趣、动机和时间，把握自己在本门课程上的学习投入。你是否认同这个目标？这个目标是否达到？

很不认同　　不很认同　　保持中立　　比较认同　　非常认同

基本没有　　达到较少　　保持中立　　达到不少　　基本达到

9. 本门课程试图通过抽取小组代表全班交流、鼓励学生发表不同见解的形式，促进学生提高表达能力和倾听能力、培养质疑精神。你是否认同这个目标？这个目标是否达到？

很不认同　　不很认同　　保持中立　　比较认同　　非常认同

基本没有　　达到较少　　保持中立　　达到不少　　基本达到

10. 本门课程中，老师及时地对学生的读书笔记进行打分、课后疑难问题互动，鼓励了学生学习，促进了学生进步。你是否认同这个目标？这个目标是否达到？

很不认同　　不很认同　　保持中立　　比较认同　　非常认同

基本没有　　达到较少　　保持中立　　达到不少　　基本达到

11. 你每周花费在本门课程阅读教科书章节内容上的平均时间为_____小时。

12. 你每周花费在本门课程读书笔记和作业上的平均时间为_____小时。

13. 你认为你在本门课上的学习负担是否合适？

负担太重　　负担较重　　比较合适　　负担较轻　　负担很轻

14. 你认为是否应该签到？　　　否//是

15. 你认为分组几周调换一次较好？________周　　不用调换

16. 在本门对分课堂形式的学习上，你对自己的学习效果是否满意？

很不满意　　不很满意　　保持中立　　比较满意　　非常满意

17. 与传统课堂相比，你对本门课采用对分课堂的总体评价如何？

对分很好　　对分较好　　保持中立　　传统较好　　传统很好

（18～20 题是关于“对分课堂”的）

18. 如果修读其他课程，同时提供对分课堂和传统课堂，你会如何选择？

采用对分　倾向对分　保持中立　倾向传统　采用传统

19. 你认为对分课堂可否推广到其他课程？

很不可行　不很可行　保持中立　比较可行　非常可行

如果你认为不可行，可否给出你觉得不能推广的原因？

________________________________________

20. 你是否认为只有资深教师才适合使用对分课堂？

需要资深　资深较好　无需资深　青年教师也可

青年教师更好

21. 请根据自己的实际情况，或给出微生物学对分课堂的其他评价或建议；或谈谈你在本学期对分课堂中的体验与收获；或谈谈你理想中的“微生物学”课堂。

________________________________________

________________________________________

________________________________________

________________________________________

# 索　引

# 后　记

我从事教学工作13年，为提高教学效果，也尝试过多种教学技巧、教学方法，直到现在使用对分课堂，才彻底改变教学模式。

在此之前，我也参加过多次教学培训，学习了慕课、翻转课堂、微课、在线教学等教学方式，但都觉得需要一定的软件和硬件支撑，而且需要投入非同一般的人力、物力，否则无法实现。只有得到有关部门大力支持的课程和教师才可能付诸行动，对一般教师而言，犹如“老虎吃天，无从下口”。可是，第一次听张学新教授的对分课堂讲座，我就有“这是我可以操纵的课堂”的感觉；讲座后期分组讨论时，经过与会教师的交流，我更感觉这是可以让每一位一线教师“立即行动的课堂”。所以，讲座当中我就开始策划课堂教学改革，在时隔一周后的新学期的生物学科专业必修课“微生物学”课堂中，开始尝试对分课堂模式。

学生从不适应到适应，再到喜欢；教师也从不适应到适应，更到了喜爱的程度。一学期下来，我和学生都受益良多。学生感受到了期末考试再也不是“鬼门关”，我不仅从学生的“帮帮我”和“考考你”中深化了教材知识，还拓展了前沿内容，更养成了一种学习的好习惯。

现在笔者每一次听讲座都不由自主地运用“亮闪闪”“考考你”“帮帮我”来记录内容，真切感到这是一种“授人以渔”的好方法。

在接下来的一个学期中，我又在一门通识教育选修课“改变生活的生物技术”的部分章节采用了对分课堂。因为是通识选修课，以一年级学生居多，一般的概念和内容不能讲太多，也不能讲得太深，不能让学生花费太多时间。可是这样，学生往往有“水课”的感觉，因为没有教材，只有 PPT，学生来上课犹如听故事，听天书，或者是玩手机等，而在我看来，一年级的学生正是难得的培养学习习惯和思维习惯的好时机。正如香港中文大学（深圳）校长、工程院院士徐扬生所说，“高中阶段学生们根本没有时间去思考、去学习思考，更不要说有质疑能力，大学才是给他们补课的时候”。因此，几经周折，我还是决定尝试实行对分课堂教学模式。从学生后来的反馈可以看出，很多学生提到“这门课不仅让我学到了生物知识，还学到了好的学习方法”，看到学生们的这些收获，作为教师还有什么不满足的呢！

张学新教授不仅创造性地提出并使用了对分课堂模式，更重要的是张教授的讲座激发了全国各层面的教师行动起来，将“对分”引入课堂，让从小学到大学的学生得到了更有意义的学习。如果您正在努力让您的课程有什么特别引人之处，如果您希望帮助学生取得出色的成绩，如果您希望对学生的心智发展产生一定的积极影响，请试着行动起来。正所谓“与其临渊羡鱼，不如退而结网”。

作为生物学科对分课堂的首位尝试者，笔者愿意将自己的教学心得与大家分享。希望本书能够给大家一些启迪，丰富高校教师的教学理念和教学实践，让对分课堂更好地服务于同行，服务于学生。

也希望更多的教师参与到教学改革的队伍中来，培养未来的接班人我们责无旁贷。

对分课堂让我改变了 12 年的教学模式，让我感受到了教师在教学工作中的作用，促使我投入更多的精力给教学、给课堂、给我的学生们。归根结底，这些收获都离不开张学新教授。张教授鼓励并支持我实践对分课堂，在教学过程中给予了我无私的指导，在撰写教学论文时给予了我精心的指正。本书的完成更是得益于张教授的鼓励、支持和大量好的建议。可以说，对我而言，一项做梦也没有想到的工作，在张教授的支持下画上了一个圆满的句号。

在此，特别向给予我教学工作带来巨大转机的张教授致以最诚挚的谢意！还要向在教学过程中不断耐心地倾听我描述困惑、帮我寻求解决办法、在本书撰写中帮助我仔细校对并提出大量建议的李显军老师致以衷心的感谢！本书课程介绍中部分内容来自本团队制定的课程教学大纲，所以，感谢“微生物学”和“改变生活的生物技术”教学团队一起奋斗的老师们（丁晓明、全哲学、钟江、林娟、刘建平、吕红、余垚、张荣梅和朱焕章）！感谢复旦大学教师教学发展中心举办教学培训及对本人教学研究的支持（基金项目：复旦大学 2013 年度本科教学研究及教改激励项目（No. 2013JL09））。最后感谢 2015—2016 学年和我一起实践对分课堂并给予真诚教学反馈的学生们！谢谢所有关心教育工作、热爱学生的同行们！

刘明秋

2016 年 11 月 8 日

于复旦大学

# 作者简介

**刘明秋** 博士，副教授，现任职于复旦大学生命科学学院。中国微生物学会微生物教学工作委员会委员、中国畜牧兽医学会口蹄疫分会第六届理事会理事、上海免疫学会免疫遗传专业委员会委员。2014 年荣获第二届全国高校（生命科学类）微课教学比赛教学风采奖，2015 年荣获第二届全国高校微课教学比赛（上海赛区）二等奖。

# 对分课堂教学手册丛书

| 书　名 | 作　者 |
| --- | --- |
| 对分课堂：中国教育的新智慧 | 张学新 |
| 对分课堂之高中语文 | 孙欢欢　闵紫雯　马迎红 |
| 对分课堂之高中英语 | 董宏革　王建勋　李　莉 |
| 对分课堂之高中数理化 | 杨　红　王银珠　梁　琨 |
| 对分课堂之中学地理 | 黄天锦　陈慧娟　马莉莉 |
| 对分课堂之初中英语 | 胡　真 |
| 对分课堂之高等数学 | 孙　帆　黄锦标　鲍丽娟　孙小春 |
| 对分课堂之高校思想政治理论课 | 陈瑞丰　黄　莺　韩秀婷　本志红 |
| 对分课堂之研究生公共英语 | 何　玲 |
| 对分课堂之大学心理学 | 王雨晴　安桂花　温婷婷　徐含笑 等 |
| 对分课堂之大学生物学 | 刘明秋 |
| 对分课堂之医学护理学 | 刘志平　岳梦琳　王继红　周　瑾 |
| 对分课堂之对外汉语 | 张长君 |
| 对分课堂之第二外语辅修与专业课程 | 钟　铃　陈修文　岳喜凤 |
| 对分课堂之高校体育类课程 | 孙卫红　安剑群　韩宝红 |
| 对分课堂之高校艺术类课程 | 马珊珊　魏　波　谭永定　刘明花 等 |
| 对分课堂之大学英语 | 陈湛妍　赵婉莉　王晓玲　丁丽红 等 |